MA VIE AVEC LES ROBOTS

Serge DALLA PIAZZA

MA VIE AVEC LES ROBOTS

Les impliqués
Éditeur

Du même auteur

Ces étrangers parmi nous, 2011, Éditions L'Harmattan
Maladresses et dyspraxies de l'enfant, 2011, Éditions L'Harmattan
Folie et santé mentale pour tous, 2015, Éditions L'Harmattan
Vers une (ré)adaptation écologique, 2017, Éditions L'Harmattan

5-7, rue de l'École-Polytechnique – 75005 Paris
www.lesimpliques.fr
ISBN : 978-2-343-17927-8
EAN : 9782343179278

PROPOS LIMINAIRES

Il faut croire qu'il y a longtemps que ce projet germait en moi, mais d'une façon latente, inavouée, sans que j'en sois même conscient. Ce n'était, à vrai dire, même pas une idée, même pas un sujet d'étude. Pendant de nombreuses années, j'ai eu l'occasion d'attirer le public de mes conférences sur ce sujet : comment nos enfants et petits-enfants allaient-ils cohabiter avec les robots ?

Ce propos restait vague, informel, changeant au gré des informations sur le sujet. Après tout, nos ancêtres se sont bien habitués aux automobiles, aux avions, aux téléphones et *smartphones* plus récemment, aux aspirateurs et autres machines-outils robotisés. Toutes les machines que nous connaissons nous obéissent. Leur marche-arrêt et la qualité de leur travail dépendent de nous. Un point de rupture insidieux a cependant débuté avec le développement d'algorithmes sophistiqués. Certaines machines peuvent fonctionner sans nous, en tout cas jusqu'à un certain point. Nous verrons et insisterons sur les implications de ce point particulier, qui ouvre une nouvelle ère de cohabitation entre humains et machines.

La cohabitation homme/machine

Cette question de la cohabitation reste centrale. Si la question est posée sous cette forme, c'est qu'elle me paraît préoccupante. Notre avenir, celui de nos proches, de nos petits-enfants celui de l'humanité repose sur la notion dichotomique de la vie et de la mort. On est soit dans un état, soit dans l'autre. Cette perspective ouvre la voie à de nombreuses questions :

- Un objet composé d'éléments inertes, mais animés par des rouages mécaniques peut-il s'approcher du vivant ?

- Quelles sont les distinctions ultimes entre l'inerte et le vivant ?
- L'intelligence artificielle peut-elle égaler celle de l'être humain ?
- Les émotions sont-elles l'apanage de l'espèce humaine ?
- Quels sens donner à la cohabitation entre le naturel et l'artificiel, entre l'humain et les robots ?
- Quelles frictions pourraient en résulter ?
- Les machines ouvriront-elles la voie à un futur dystopique ou utopique ?
- Serviront-elles à améliorer le sort des humains ou le contraire ?
- D'une manière encore plus générale, comment les êtres humains, mais aussi les animaux et les plantes vivront-ils au sein d'un monde de machines ?

Il ne s'agit là que de quelques questions qui ne peuvent que nous interpeller. Ma petite-fille, à 2 ans, a eu peur du chien *Aibo* de Sony, alors qu'elle n'avait jamais manifesté de crainte devant un chien vivant. Il y a cependant une grande différence entre les deux. Dans son environnement, elle perçoit de nombreux exemples de la race canine, ce qui n'est pas le cas des chiens robots. Cette accoutumance serait-elle une des clés de la cohabitation ? La nouvelle version du chien de Sony a bien sûr été améliorée. Son regard est plus doux et il dispose d'une intelligence artificielle qui lui permet d'évoluer au gré de ses expériences et d'une plus grande connectivité via une puce 4G (réseau mobile via la téléphonie). À 3 ans, cette même petite fille s'est extasiée devant un robot tondeur, ses trajets, sa petite maison de recharge. Elle était également un peu craintive, mais le robot était derrière une clôture. Sa question ne devrait pas nous surprendre, alors que je lui expliquais qu'il allait se recharger dans sa maison : « est-ce que son papa et sa maman sont aussi dans la maison ? », me demanda-t-elle ! La perception de la frontière entre le vivant et le non-vivant n'est manifestement pas innée.

Ces machines qui nous échappent

Il est question de cohabitation, d'habituation. Encore faut-il aussi avoir le contrôle des machines. Un ingénieur qui a construit la machine l'aura probablement longtemps, un informaticien peut en changer les lignes de code, le mécanicien ou l'électronicien des parties de sa structure, mais nous, usagers ? La machine nous échappe : savons-nous réparer un smart-télé, notre aspirateur, pouvons-nous empêcher notre smartphone de se mettre à jour, pouvons-nous empêcher l'envahissement publicitaire de nos écrans d'ordinateur ? Ne parlons pas de nos voitures dont la part de gestion électronique et informatique augmente sans cesse. Ma voiture dispose ainsi de 2 batteries : une batterie classique sert à l'allumage et une autre sauvegarde la mémoire de tout son fonctionnement informatique. La plupart d'entre nous sont dépassés par les technologies que nous utilisons. Cela concerne moins les jeunes qui osent explorer le fonctionnement de leur machine, qui en usent et en abusent et qui ne craignent pas l'obsolescence.

Le propos de ce livre est de s'interroger sur la manière dont nous vivrons dans un futur rapprocher. Il ne s'agit pas de tirer des plans sur la comète, mais de faire une prospection ajustée aux éléments connus dans le présent. Par exemple, le téléphone nous fournit une première piste :

- Le premier brevet est déposé en 1871 (Antonio Meucci).
- On assiste à l'évolution de la partie qui reçoit la voix (Edison).
- Après l'usage d'opératrices, le premier téléphone à cadran date de 1924.
- Les téléphones à touches datent de 1980.
- Le téléphone sans fil date de 1990.
- En 1994, IBM lance le premier *smartphone*, engin qui permet de téléphoner, d'envoyer des fax, d'utiliser un agenda et un traitement de textes avec un écran tactile (*Simon*).
- Le portable tactile grand public d'Apple date de 2007.

On connaît la suite.

De la 3G à la 5G

Contrairement à une idée reçue, le passage d'une génération de téléphone à une autre ne s'accélère pas. Il est plutôt d'une durée constante. Par contre, la complexité des systèmes augmente exponentiellement d'une génération à une autre et chaque génération nécessite l'installation d'antennes relais spécifiques. Cette opération de déploiement prend du temps. Il faut aussi qu'une génération soit utilisée un certain temps, quelques années au moins, pour que le déploiement soit rentabilisé. Chaque génération finance ainsi la suivante, les revenus de la 2G/3G ayant par exemple financé la 4G. La 4G, c'est la 4e génération de la téléphonie mobile. Elle permet des débits de données plus importants et plus rapides.

Sur un plan prospectif, on sait que la recherche porte actuellement sur la 5G. La 5G, tout le monde en parle. On nous promet quelque chose d'extraordinaire, un avenir technologique incroyable. Mais à l'heure où la 4G n'est pas encore déployée partout, on a du mal à s'imaginer ce que pourrait être un monde connecté en 5G. Il serait bien plus rapide que la 4G. Ce n'est pas qu'une idée puisqu'au début de 2018, Samsung a réussi un appel vidéo entre la Corée du Sud et les États-Unis. Samsung place déjà ses pions pour la 5G. Il aurait présenté en privé à quelques privilégiés son modem 5G. Le Coréen va fournir l'opérateur américain Verizon en hardware pour son lancement commercial de la 5G fixe, qui est intervenu dès le deuxième semestre 2018. Les premiers smartphones 5G Samsung ont été vendus au début de 2019 dans quelques grandes villes américaines. Ce réseau semble encore réellement expérimental et bien loin de se montrer à la hauteur des attentes réelles. Le déploiement à grande échelle ne devrait débuter qu'en 2020. Dans le futur, nous serons tous ultra-connectés : smartphones, tablettes, PC, objets divers, maison, voitures, casques VR, réalité augmentée, intelligence artificielle. Dans 20 ans, nous vivrons dans un monde que nous ne pouvons même pas imaginer aujourd'hui. Les industriels, eux, doivent avoir une vision de ce futur, et nous y préparer. La 5G deviendra ce réseau permettant à tous nos appareils connectés de communiquer entre eux. Un débit important est nécessaire, mais pas seulement. La 5G allongera considérablement l'autonomie à nos appareils. Elle reposerait sur l'usage d'ondes millimétrées, réservées à l'armée jusqu'ici, d'autant plus que certaines hautes fréquences seraient plus stables et donc utilisables pour les connexions en question. Les appareils seront beaucoup plus rapides, et auront un temps de latence d'activation de moins d'un millième de seconde (au lieu d'une demi-seconde actuellement). C'est important pour éviter des accidents entre les machines connectées. En 2020, soit demain, 50 milliards d'objets connectés seront en fonctionnement sur notre planète. Le trafic va être multiplié par 1000 en dix ans. On parle d'un milliard de milliards d'appareils connectés d'ici deux-trois décennies. Plusieurs technologies vont alors se développer avec des applications dans le domaine, par exemple, de la domotique, et surtout de l'intelligence artificielle. Les objets vont communiquer entre eux en permanence. Les voitures se parleront, les objets de la maison également. Dans ce monde ultra-connecté, il va falloir suivre la cadence. Si aujourd'hui une perte de réseau ne provoque pas grand-chose de dramatique, dans le futur une défaillance de la 5G pourra causer des accidents de voiture très graves ou des pertes de données. Et dans les grandes villes, avec ces millions d'objets connectés concentrés dans une toute petite zone, les défaillances peuvent vite survenir. La diffusion des ondes se fera par des grandes antennes hors des villes et une multitude de petites antennes relais intégrées dans le mobilier urbain. Il y aura un système de priorités en fonction des applications. Il n'y aura pas une, mais plusieurs 5G. Chaque application devra utiliser les fréquences et protocoles radio les plus adaptés. Inutile de se brancher sur les fréquences les plus rapides pour une application donnant la météo ou les infos du jour. Pour l'utilisateur, cela ouvre des portes à peine imaginables aujourd'hui. Les usages que l'on connaît aujourd'hui subsisteront et vont encore s'améliorer. Par exemple nous pourrons continuer de regarder nos vidéos en *streaming*, mais dans des qualités encore bien meilleures. Le jeu vidéo en ligne pourra passer par la réalité virtuelle. Les voitures communiqueront entre elles et seront totalement autonomes. La réalité augmentée s'invitera dans nos vies. Les GPS seront plus précis grâce à la triangulation de la 5G en donnant une position avec une marge d'erreur de moins d'un mètre (5 mètres actuellement).[1] Cet exemple permet d'entrevoir un cadre de vie différent de celui que nous connaissons aujourd'hui. L'enjeu de notre réflexion n'est pas de deviner la forme des futurs smartphones, mais bien de l'usage qui sera fait des données échangées par les usagers, les dirigeants de diverses entreprises, les gouvernements ou les opérateurs téléphoniques et, tout simplement, entre les machines elles-mêmes.

L'avenir sera bien sûr ce que nous en ferons, mais le nous est tout le monde et tout le monde se résume le plus souvent à quelques personnes.

La cohabitation homme/robot

L'accent sera mis sur le robot parce qu'il induit des analogies avec les espèces vivantes et que cela concerne nos contacts sociopsychologiques. Les rapports sentimentaux avec nos smartphones sont particuliers, mais que seront ceux avec un robot à face humaine expressive, affublé d'un nom et à la réactivité humaine ? Mais il ne s'agit pas seulement de ces humanoïdes plus ou moins mal copiés. Ce sont surtout ces milliards de machines connectées entre elles, que nous utilisons, sans trop comprendre pourquoi et comment et qui ont de plus en plus une sorte de « vie » propre. Cela va bouleverser nos rapports avec la nature, avec les autres humains, notre environnement immédiat.

Notre meilleur ami sera-t-il un robot ?

Nous invitons ainsi le lecteur à nous accompagner dans ce circuit, ce dédale semé d'embûches, de réalités dépassées au moment de les écrire, ce regard porté sur l'horizon d'un futur proche, avec un esprit inquiet peut-être, mais ouvert, curieux. Il reviendra au lecteur de poursuivre ses recherches personnelles en suivant les liens que j'indique ou les siens propres.

---

[1] D'après https://www.phonandroid.com/5g-tout-savoir-reseau-futur.html

INTRODUCTION

Les robots

Ce mot, dérivé de *robota* (travail, besogne, corvée), a été introduit, en 1920, par l'écrivain tchèque Karel Čapek dans la pièce de théâtre *Rossum's Universal Robots* (R.U.R.), jouée pour la première fois en 1921. Dans le futur, des machines à l'apparence humaine, à l'origine dénuées de sensibilité et de sentiments, sont fabriquées dans une usine située sur une île. Afin de les rendre moins fragiles et plus polyvalents, l'ingénieur de R.U.R les dote d'une sensibilité limitée et d'une intelligence plus développée. Au bout de dix ans, elles finissent par se révolter et anéantir quasi toute l'humanité. Les hommes devenus effectivement anachroniques et inutiles sont condamnés à l'inactivité et à l'oisiveté. L'humanité tombe vite en décadence, perd sa capacité à se développer, ne procrée plus. Les Robots font les guerres et finissent par utiliser les techniques guerrières humaines pour se révolter contre leurs maîtres. Ils s'estiment plus parfaits et ne veulent plus être commandés par eux. Ces robots sont mis en scène d'une façon humaine, comme l'absence d'artifices le rendait possible à l'époque. Les humains sont maquillés et affublés d'habits futuristes en tissu gris métal.

Le propos de Čapek concerne le travail :
ALQUIST : Oui. Et tous les ouvriers du monde seront au chômage.
DOMIN, se lève : C'est vrai, Alquist, ils n'auront plus de travail, mais d'ici dix ans, mademoiselle, les robots universels de Rossum produiront tant de blé, tant de tissus, tant de tout que nous dirons : les choses n'ont plus de prix, alors chacun n'a qu'à prendre ce qu'il lui faut. Il n'y aura plus de misère. Sans doute qu'ils n'auront plus de travail, mais le travail n'existera plus !

Tout sera fait par des machines vivantes. L'homme pourra se consacrer à ce qu'il aime. Il ne vivra que pour se perfectionner.

Il concerne également la nature humaine :
Il faut régner et tuer pour être comme les hommes. Lisez l'histoire ! Lisez les livres des hommes, lance le robot *DAMON*.

Cet exemple historique nous engage vers deux réflexions :

1. Celle d'un nouveau Prométhée[2] qui évoque 3 thèmes qui vont alimenter notre réflexion : la révolte contre un dieu créateur et contrôleur de la vie, l'accès à l'immortalité par le sacrifice, la connaissance qui permet aux humains de survivre. Le feu surtout leur permet d'utiliser au mieux les arts et les techniques. Le Prométhée moderne, celui de Mary Shelley (Frankenstein, 1818) incarne l'ère de la révolution scientifique qui avait été amorcée au siècle précédent par les *Lumières*. Cette époque favorise la pratique scientifique et s'éloigne de la philosophie, trop abstraite aux yeux de certains. Se mêlent dans ce roman le drame autour des secrets de la vie et la science dont l'électricité et la chirurgie commencent à acquérir leurs lettres de noblesse. Dans le mythe de Prométhée, Zeus a créé l'espèce humaine. Déçu de son comportement méprisable, il a voulu s'en défaire. Si Prométhée n'avait pas offert le feu sacré à l'Homme, Zeus l'aurait éradiqué comme il le souhaitait initialement, afin de le remplacer par une nouvelle espèce plus conforme à son image. Le Docteur Frankenstein, lui-même créature imparfaite, n'a pu créer qu'un être plus défectueux encore, une pâle copie de l'Homme. La créature devient monstrueuse parce qu'elle l'est aux yeux de son créateur d'abord, et des autres hommes ensuite. Elle se convainc elle-même d'être une abomination. Cette mythologie évoque la question des

---

[2] *Ce fils de Titan a connu dans la mythologie grecque une destinée peu commune. Il se rebella continuellement contre Zeus, le dieu suprême et en même temps son beau-père, qu'il trompa à maintes reprises. Il fut condamné à être enchaîné à un rocher et à avoir son foie dévoré chaque jour par un aigle. Il fut finalement délivré et put devenir immortel grâce au sacrifice d'un autre immortel.*

limites : jusqu'où peuvent aller les transformations de l'homme ? Combien faut-il d'artifices mécaniques pour qu'un humain cesse de l'être et que faut-il à une machine pour ressembler à un être humain ?

2. Celle d'une humanité dont l'évolution repose en partie sur le travail[3]. Ce n'est qu'au Moyen Âge que les règles de saint Benoît mettent en avant et encensent un travail manuel en commun : œuvrer ensemble pour permettre la subsistance de la communauté, pour développer le bien commun, mais aussi pour expier le péché originel (travail de bénédictin). Avant et pendant des millénaires, quelques individus faisaient travailler de nombreux autres (esclaves). Vivre, survivre, subsister supposent d'avoir une activité productive d'énergie : faire du feu, chasser, cueillir. Une association d'êtres humains favorise une production augmentée par rapport à la somme des activités de chacun individuellement. Dans le même sens, la domestication de bêtes devenues de somme constitue une autre étape dans l'amélioration des forces de production, au même titre d'ailleurs que les poteries de conservation. Les premiers outils datent de la préhistoire. Même s'ils ne sont pas l'apanage de l'espèce humaine, il semble que seul l'être humain soit capable de fabriquer des outils qui fabriquent des outils. Si les premiers outils sont en pierre, ils deviendront rapidement métalliques et le feu sert à les façonner. Le forgeron est resté un artisan important au moins jusqu'au XIXe siècle. Le feu permet encore de lutter contre le froid, mais il n'est pas suffisant. Des vêtements deviennent nécessaires, d'abord en peau puis en tissu. Les premiers métiers à tisser ont plusieurs milliers d'années et la navette volante (XVIIIe siècle) permet de passer de l'artisanat à l'industrie. L'usage du feu a encore fabriqué de la vapeur qui fut à l'origine des premiers mécanismes du moteur de nos trains et autres véhicules ou machines d'extraction. Cet essor repose sur une autre

[3] Le mot travail vient de tripalium, un instrument d'immobilisation et de torture à trois pieux, utilisés par les romains pour contenir les bêtes de somme et punir les esclaves rebelles.

découverte magistrale très ancienne, la roue, qui fait partie des 8 mécanismes de base à tout développement d'artifices mécaniques[4]. Le gain de force est alors appréciable. Le corps humain est capable de gestes et de mouvements complexes. Il sert de modèle. Les artifices inventés permettent progressivement d'en amplifier la puissance. Ainsi, la machine devient un humain amplifié.

Ces deux sources de réflexion ont de multiples implications dans les domaines scientifique et social. Prométhée, c'est la négation de la mort, la toute-puissance de la rébellion contre l'inéluctable, contre les faiblesses de l'homme et donc ses maladies et la mort. Cette pensée a permis l'essor de la médecine, des prothèses et orthèses, mais aussi de la bionique. Il fait intimement partie de la réflexion des transhumanistes, sur lesquelles nous reviendrons. Quant aux robots allégeant les tâches humaines, au même titre que des machines plus simples, ils n'ont jusqu'à présent jamais supprimé la notion de travail, mais l'ont profondément modifiée. N'oublions pas cependant la dimension sociale du travail, car, à côté des machines, la volonté d'augmenter la production et donc la rentabilité n'a jamais quitté l'esprit de quelques hommes (ou femmes) entrepreneurs, parfois au prix de lourds sacrifices : esclavagisme, métiers à risque, travail à la chaîne, exploitation, etc. La dévalorisation de la notion de travail perdure d'ailleurs de nos jours au travers de quelques indicateurs : dévalorisation des métiers professionnels dans nos sociétés technologiques, surtaxation du travail et quasi-absence de taxation des machines ou des rendements financiers directs (spéculation), rapports de force inégalitaires entre patrons et ouvriers et bien d'autres. Les lois et réglementations ont amélioré le sort des outils humains de production, mais les considérations culturelles, politiques et sociales de fond n'ont guère changé.

---

[4] La roue, le levier, la poulie, le coin, le plan incliné, la vis, l'engrenage et le treuil.

La taxation

Les robots remplacent nombre d'ouvriers et employés. Leur taxation est à l'ordre du jour, mais on est très loin d'un consensus, même chez les économistes. Pourtant, chacun peut avoir devant les yeux l'image de cette usine d'embouteillage aux États-Unis où 3 ouvriers seulement s'activent dans un immense hall occupé par une multitude de machines (La *Repreve Bottle Processing Center* à Yadkinville, en Caroline du Nord). Ce n'est qu'un exemple. La taxation des robots est un sujet qui divise et surtout se heurte au lobby de l'industrie. Cette proposition, encore très abstraite, pose de nombreuses questions. La définition même du robot reste à établir. À partir de quel niveau d'automatisation une machine est-elle considérée comme un robot ? Un simple logiciel ou un ordinateur sont-ils des robots ? Si un pays impose une taxe sur les robots en entreprise, cela favoriserait immanquablement des délocalisations. Les pertes d'emploi liées directement à l'usage de machines restent encore difficiles à quantifier, sauf élaboration d'un cadre juridique, mais aussi scientifique. Les emplois évoluent, disparaissent, apparaissent. Qu'est-ce qui est lié à quoi ? On parle de situations somme toute assez marginales, sauf pour les personnes concernées : environ 10 % des emplois actuels disparaîtraient à court terme.

Le robot et le travail

Les machines sont le résultat de l'incontestable progrès technique qui a permis à l'homme de s'arracher peu à peu à la nature en lui et autour de lui pour y survivre et s'y affirmer dans sa suprématie. La technique avec ses outils et son savoir-faire a toujours eu pour but de transformer la nature pour répondre à nos besoins et, couplée à la science, nous permettre d'être « comme maître et possesseur de la nature », selon l'expression de Descartes (Discours de la méthode, 1637)[5]. En ce sens, on peut

[5] Phrase complète : « ... on en peut trouver une pratique, par laquelle, connoissant la force et les actions du feu, de l'eau, de l'air, des astres, des cieux, et de tous les autres corps qui nous environnent, aussi distinctement que nous connoissons les divers métiers de nos artisans, nous les pourrions employer en

voir dans la création des outils, puis des machines-outils et enfin des machines autonomes ce même but. Ces objets techniques sont là pour faciliter la satisfaction de nos besoins et libérer du temps et de l'énergie pour satisfaire nos désirs, aspirations proprement humaines. L'outil a encore besoin de la main de l'homme, même s'il facilite déjà le travail. Les nouvelles machines, par leur autonomie énergétique et de fonctionnement, peuvent, en partie s'il y a mécanisation, en totalité s'il y a automatisation, s'y substituer. Les machines allègent donc la pénibilité du travail et pourraient même le supprimer, libérant ainsi l'homme pour lui laisser le temps de ne se préoccuper que de soi, de ses désirs et lui donner les moyens de les satisfaire (liberté de mouvement avec les véhicules, liberté d'information avec l'ordinateur, achats en ligne, etc.). On voit au quotidien dans le travail et hors du travail, le gain de productivité et par là de temps libre et d'énergie qu'engendrent les machines.

Le robot et le marché du travail

Si les machines permettent de diviser par deux le nombre d'emplois, pourquoi ne pas conserver le même nombre de travailleurs tout en divisant par deux leur temps de travail ? Pourquoi ne pas tirer avantage de l'automatisation en réduisant la semaine de travail de 40 à 30 heures, puis à 20 et à 10, sans diminution de salaire ? Cela serait envisageable si les gains dus à l'automatisation ne bénéficiaient pas essentiellement aux entrepreneurs et surtout aux actionnaires, mais étaient répartis équitablement.

« ...le nombre d'emplois à probabilité d'automatisation plus grande, comme ceux de comptable, augmente moins vite que le nombre d'emplois ayant une plus faible probabilité d'automatisation, comme ceux des travailleurs sociaux. Même si cette évolution peut susciter certaines inquiétudes, elle ne mène pas forcément à une augmentation du chômage, car le changement technologique crée de nouveaux types d'emplois. Il

---

même façon à tous les usages auxquels ils sont propres, et ainsi nous rendre comme maîtres et possesseurs de la nature. »

est par ailleurs possible de s'armer contre l'automatisation en suivant une formation appropriée et en restant ouvert au changement. En outre, l'engagement dans les compétences sociales au travail, par la communication et le travail d'équipe, représente également une stratégie gagnante. »[6]

Ainsi, sont impactés par l'automatisation le personnel administratif (les comptables notamment), les agriculteurs, les vendeurs, les techniciens et moins les artisans, les opérateurs de machines, les professions intellectuelles, scientifiques, sociales et artistiques.

Il y aurait donc deux tendances contradictoires : l'automatisation réduit le nombre nécessaire d'humains pour réaliser des tâches plus ou moins répétitives et elle augmente les besoins en opérateurs spécialisés. Au total, cela ne créerait pas plus de chômage. Cela est vrai, mais cela ne prend pas en compte les progrès de l'intelligence artificielle sur lesquels nous reviendrons.

Quoi qu'il en soit, le temps de loisirs va augmenter et que représente donc pour l'être humain ce temps libéré ?

Le robot et les loisirs

Le travail asservi sert à satisfaire des besoins et procure une sorte de dignité et d'estime de soi. Cette assertion est mise à mal très fréquemment. Dans une économie où l'homme devient progressivement l'outil de la machine ou d'un mécanisme déshumanisé de profit, la personne au travail ne se sent plus utile, mais utilisée aux seules fins de production et d'enrichissement de quelques-uns. Un sentiment de sous-utilisation des talents et compétences génère revendications, aigreur, amertume et ennui. Cette personne exige des augmentations ou des compensations et si elle n'est pas écoutée devient malade, en tout cas nerveusement. Moins de temps de travail engagerait plus de

---

[6] Trypsteen S., 16 avril 2018, *Perte d'emplois à la suite de l'automatisation du marché du travail belge.* (ING News).

temps libre en conséquence. Qu'en faire ? Lire, voyager, regarder la télé, sortir, aller au spectacle, jardiner, s'occuper des animaux, faire du sport. Les proportions de ces activités sont variables selon les âges et les conditions financières de chacun. Le temps de loisir a ainsi subi une double transformation :

- il est devenu un temps de consommation ;
- il est un temps de divertissement au sens de ce qui fait diversion, ce qui permet de regarder ailleurs, d'oublier les tracas de la vie réelle en étant absorbé par un spectacle.

Au contraire du loisir, le divertissement n'est pas du temps soustrait aux nécessités biologiques, il en fait partie intégralement. Dans une organisation du travail où les biens sont difficiles à obtenir et nécessitent un effort intense, la priorité pour reconstituer sa force de travail est le repos. Mais dans la société tayloriste où la difficulté est moins physique que psychologique, le divertissement est aussi nécessaire que le pain. Le loisir est devenu temps d'activités autres. Il s'agit pour le travailleur de « se vider la tête », expression révélatrice du besoin de consacrer ce temps libéré du travail à oublier ce dernier. Dans tous les cas, le psychologique et le physique ne font qu'un, comme le montre le phénomène du *burn-out.*

Finalement, nos loisirs sont aussi actifs que notre travail. Ils demandent, démarches, argent, obstacles à surmonter (parking, affrontement du trafic, par exemple). Ils ne seraient que l'expression d'un besoin psychologique de l'être humain : celui de rester actif. Blaise Pascal (1623-1662 - Pensée, B139) le disait déjà : « Tout le malheur des hommes vient d'une seule chose, qui est de ne savoir pas demeurer en repos dans une chambre. » Nous sommes nombreux à craindre l'inactivité, synonyme de l'ennui, alternative à l'angoisse. Nous ne voulons pas penser au « malheur naturel de notre condition faible et mortelle ». Le divertissement est une solution à ce problème : « Les hommes n'ayant pu guérir la mort, la misère, l'ignorance, ils se sont avisés, pour se rendre heureux, de n'y point penser. » Le divertissement nous offre une solution standardisée pour être heureux, mais il nous fait manquer un autre chemin. Nous occupons notre temps au lieu de prendre le temps de nous poser des questions, de penser, de contempler, de nous laisser aller à l'émerveillement. Nous nous vidons la tête au lieu de la remplir de tout ce qui pourrait donner un sens à nos actions.

Le robot et la vie quotidienne

Aujourd'hui, le remplacement de la main-d'oeuvre par des machines s'étend au-delà de la production industrielle. Dans les supermarchés, les caissières sont peu à peu remplacées par une série de machines enregistreuses en self-service (*self-scanning*) qui permettent aux clients de comptabiliser eux-mêmes leurs achats sous la surveillance d'un seul employé. Ce n'est peut-être pas de l'automatisation à proprement parler, le supermarché transférant simplement au client la tâche d'enregistrement ses achats. Ce n'est d'ailleurs qu'une étape, car existent déjà des caisses automatiques. Le fonctionnement est simple, vous entrez dans le magasin, vous prenez les articles de votre choix. Une fois terminé, vous posez tous vos articles sur la caisse, où ils sont directement détectés (sans besoin de scanner le code-barre) grâce à des puces RFID posées sur chaque item. Il ne vous reste plus qu'à scanner votre smartphone avec l'application *Instant Checkout* ouverte et le paiement sera automatique. Aspect ludique, contrôle des dépenses et gain de temps seraient les trois arguments en faveur du *self-scanning*. Cela existe depuis des années et les caisses avec des caissières existent toujours. 4 caisses automatiques remplacent une caissière. Pour avoir un gain de personnel, il faut 8 caisses puisqu'une employée pour contrôler, régler les erreurs et aider les clients continue à travailler près des zones des caisses automatiques. Au-delà de ces aspects économiques, ce système permet de n'avoir de contact avec personne. Vous pouvez entrer dans un magasin, faire vos courses et les payer sans avoir un mot à échanger avec qui que ce soit. Mais les clients qui passent à la caisse échangent-ils plus de propos avec la caissière ? Si on excepte le bonjour et au revoir, cela n'est pas certain dans une très large majorité des cas. Pour ceux qui craignent la menace que l'automatisation fait peser sur les travailleurs non qualifiés, la première réponse qui vient à l'esprit est de former les salariés. Mais le progrès technologique commence aussi à supprimer des emplois qualifiés. Dans ces conditions, quelle formation donner à la prochaine génération de travailleurs ?

Le robot et le droit de rêver

Le temps de l'inactivité est celui qui rend possible le temps d'inventer, de créer, de rêver, de nous soustraire réellement aux injonctions de la consommation et du travail. Aujourd'hui, la productivité et la richesse n'ont jamais été aussi importantes. L'occasion nous est offerte de réclamer un droit à la paresse, un droit à l'inutilité et au temps perdu. Et si ce droit devenait l'enjeu des luttes sociales de demain ?

Et puis, finalement, « J'ai vu tant de choses que vous, humains, ne pourriez pas croire. De grands navires en feu surgissant de l'épaule d'Orion. J'ai vu des rayons fabuleux, des rayons C, briller dans l'ombre de la porte de Tannhäuser. Tous ces moments se perdront dans l'oubli comme les larmes dans la pluie. Il est temps de mourir. »[7]

« J'irai donc ce soir méditer sur ma terrasse, j'irai voir travailler la nuit, je me donnerai tout entier à ses formes enveloppantes, à ses voiles, à l'insidieuse matière qui comble tous les angles. J'essaierai de sentir une à une les heures de cet automne, ces heures encore actives pour mûrir le fruit, mais qui perdent peu à peu la force de défendre les feuilles qui quittent l'arbre. Ces heures, elles sont vie et mort, ensemble. »[8]

Et bien, après avoir fait le point sur ma vie, notre vie avec les machines d'hier et d'aujourd'hui dans la première et dans la deuxième partie, nous rêverons d'un futur assez proche où nous vivrons heureux avec les machines. Nous ne pourrons évidemment éviter le cauchemar d'un scénario alternatif, celui de la confrontation ? Ces deux aspects font l'objet de la troisième partie.

---

[7] Dernières paroles de Roy Batty, le réplicant en fuite et à la poursuite d'un allongement de sa vie, dans le film *Blade Runner*, Ridley Scott, 1982.

[8] Bachelard G. (1970) *Le droit de rêver*. Paris : P.U.F.

PARTIE I :
MA VIE D'AVANT (< 2000)

1. PREMIERS CONTACTS AVEC L'ORDINATEUR

1.1. L'ordinateur

L'ordinateur est vite intervenu dans le fonctionnement des automates, ces imitations de la vie qui fonctionnent d'après des règles strictes, heuristiques ou probabilistes et sans intervention. Historiquement, surtout depuis le XVIIIe siècle, les automates sont des appareils mécaniques imitant des êtres humains ou des animaux et mimant des scènes animées. Plus récemment, dans l'industrie, les automates sont des appareils programmables effectuant certaines tâches. La mécanique et l'électronique ont en quelque sorte ainsi fusionné.

Le premier ordinateur mécanique utilisant le système binaire a été inventé en 1938 (K. Suze).

Le premier ordinateur ne comportant plus de pièces mécaniques est créé par Mauchly et Eckert (l'ENIAC : *Electronic Numerical Integrator And Computer*) en 1946. Ce monstre de 30 tonnes comportait 18.000 tubes à vide (amplificateur de signal), 70.000 résistances (passage progressif du courant électrique), 10.000 condensateurs (réservoir d'énergie), 6.000 commutateurs (marche/arrêt). Il était utilisé pour des calculs (300 multiplications par secondes). En 1952, IBM produit son premier ordinateur, l'IBM 701, pour la défense américaine. Dix-neuf exemplaires seront produits. Cette machine disposait d'une mémoire à tubes cathodiques de 2.048 ou 4.096 mots de 36 bits et pouvait réaliser 16.000 additions ou 2.200 multiplications par seconde. Il a servi au projet de la bombe thermonucléaire. Le passage vers le public a connu plusieurs étapes, mais, en 1959, toujours IBM et son 1401 s'orientent vers l'administration, la comptabilité ou le traitement de données (12.000 exemplaires vendus). Il fonctionne avec des cartes perforées et est couplé à une imprimante. Les disquettes n'apparaissent qu'en 1966. Le premier ordinateur portable (20 Kg) date de 1968 quand Hewlet Packard (HP) présente sa première calculatrice de bureau programmable (HP 9100). Le premier microprocesseur (Intel 4002) date lui de 1971 et c'est le début de l'essor du micro-ordinateur. L'usage de l'ordinateur pour les jeux (Atari) date de la même époque. En 1972, Bill Gates et Paul Allen fondent la compagnie Traf-O-Data (qui deviendra Microsoft) qui vend un système basé sur un Intel 8008 pour mesurer le trafic routier. En 1976, Steve Jobs (21 ans, travaillant chez Atari) et Steve Wozniak (26 ans, travaillant chez Hewlet Packard) finalisent leur ordinateur qu'ils baptisent Apple Computer et fondent dans la foulée la société Apple. Le reste est connu avec le développement d'ordinateurs de plus en plus puissants, de plus en plus petits et aux applications innombrables.[9] Le micro-ordinateur devient familial dès le début des années 1980.

Dès 1965, Gordon Moore prédisait que le nombre de transistors par circuit de même taille allait doubler, à prix constants, tous les dix-huit mois. Il en déduisit que la puissance des ordinateurs allait croître de manière exponentielle durant de nombreuses années. Il avait raison. Sa loi, fondée sur un constat empirique, a été vérifiée jusqu'à aujourd'hui. Il a cependant déclaré en 1997 que cette croissance des performances des puces se heurterait aux environs de 2017 à une limite physique : celle de la taille des atomes. Il avait tort sur ce dernier point. En effet, sa loi se vérifie encore actuellement et probablement pour longtemps. On en est à des gravures de 7 nanomètres (7 milliardièmes de mètre) et bientôt 5.[10]

1.2. Premiers contacts

Mon premier contact avec l'ordinateur date du début des années 1980. Un beau-frère terminait ses études d'ingénieur et avait ramené à la maison une machine qu'il utilisait à l'université. Ce

---

[9] D'après : http://histoire.info.online.fr/microgui.html

[10] https://www.lemondeinformatique.fr/actualites/lire-les-puces-d-acceleration-ia-sont-en-plein-boom-72440.html

fut l'occasion d'un premier contact avec un jeu de rôle, avec des sortes de pantins cubiques imitant des humains. Chacun se souvient également du jeu de ping-pong, commercialisé dès 1972.

Je me souviens également de ce clavier beige du Commodore 64 avec des grosses touches noires et un écran plutôt petit. Il était surtout utilisé pour les jeux. J'avais pu en emprunter un en 1985 « pour jouer ». Après ces deux essais, je n'ai pratiquement plus jamais « jouer à l'ordinateur ».

J'achetais mon premier ordinateur à la fin des années 1980, un Schneider (probablement un Armstrad 6128, mais je n'en suis pas certain) essentiellement pour faire du traitement de texte. C'était long et fastidieux, pour moi qui étais habitué à taper (très vite) sur une machine à écrire mécanique puis électrique. C'était malgré tout un progrès grâce à la vision globale du texte, les possibilités facilitées de retouche et surtout l'imprimante à aiguilles.

Travaillant dans le domaine de la réadaptation de personnes cérébrolésées, enfants et adultes, j'ai aussi eu l'occasion d'utiliser l'Apple IIGS, comme base de certaines rééducations visuospatiales et orthophoniques dès la fin des années 1980. En fait, il s'agissait d'utiliser des jeux tournant sur la machine pour soutenir l'attention de la personne et l'engager dans de nouveaux automatismes.

J'acquis un MacIntosch classic en 1992 pour les besoins de la rédaction de ma thèse. Sa forme compacte, son design général, sa réalisation avec des matériaux de qualité, la présence d'une souris, sa facilité d'utilisation m'ont procuré beaucoup de plaisir. J'avais enfin un outil qui remplaçait plus qu'avantageusement la machine à écrire. Son écran contenait déjà le HD et la poubelle. Le traitement de textes Wordperfect permettait beaucoup d'ajustements.

Par la suite, en privé, je n'ai plus jamais utilisé que des Mac jusqu'à l'iMac et le notebook, mais au boulot, j'ai toujours utilisé ce qu'on appelait et qu'on appelle toujours des PC, des ordinateurs tournant sous Windows. À l'époque, les rumeurs disaient que les PC étaient pour les joueurs et les Mac pour les gens « sérieux », professionnels et autres chercheurs. Il faudra de nombreuses années pour estomper cette dichotomie.

1.3. L'enseignement assisté

J'ai connu l'évolution du numérique dans les écoles. Au tout début, dans les années 1970, un téléviseur était accessible dans des classes d'élèves regroupés pour des émissions d'information. Les élèves restaient passifs, manifestement peu intéressés et les enseignants également. Dans les classes, les enseignants utilisaient déjà des systèmes de polycopie puis de photocopie. Mais l'introduction des premiers ordinateurs à l'école date en Belgique des années 1990. On a vite vu l'arrivée des petits Apple colorés (iMac G3, 1998). Les cinq premières applications logicielles offertes aux élèves dans les écoles étaient les suivantes : le traitement de texte, la navigation Internet, les programmes de formation, d'exercices et de travaux pratiques, les programmes de calcul et de base de données et les logiciels de présentation. Pour l'enseignement supérieur et les conférences, PowerPoint a en quelque sorte allégé et habillé les propos d'une façon qui retenait l'attention (début des années 2000). Avant, on se contentait de transparents, feuilles de formats A4 en plastic sur lesquelles étaient imprimés des phrases et graphiques ou dessins.

Quant à l'initiation à l'ordinateur, je l'ai rencontrée dans les années 1980 avec le système LOGO-tortue. Le langage LOGO a été créé dans les années 1960 au Massachusetts Institute of Technology (MIT) par Wally Feurzeig et Seymour Papert. C'est un bon langage d'initiation à la programmation en particulier pour les enfants jeunes grâce au côté ludique de la tortue graphique. On pouvait donner un ordre complexe de mouvements successifs à un objet sur écran, figurant une tortue. En combinant les 2 instructions *avance 50* et *droite 90* quatre fois, il est facile de faire dessiner un carré à la tortue, sachant qu'elle se déplace en traînant un *crayon* de couleur. Au-delà de cette application géométrique, ce langage permettait des calculs automatisés, des conversions et quelques autres applications.

1.4. Ordinateur et handicap

J'ai toujours travaillé avec des personnes présentant des déficiences congénitales ou acquises plus ou moins importantes. Le corollaire le plus important de leur condition se situait au niveau de leur besoin d'assistance et donc au niveau de leur dépendance. Si j'ai pu utiliser tôt l'ordinateur en matière de rééducation et d'enseignement, mon premier contact réel avec l'adaptation de machines aux besoins d'une personne handicapée se situe dans les années 1990.

Jojo était alors jeune adulte, IMC avec une quadriparésie spastique, il ne pouvait se servir de son corps et encore moins de ses membres avec efficacité. Je le revois devant un écran, la tête contenue dans un arceau au dos de sa voiturette. Il arrivait en regardant l'écran, par commande oculaire, à écrire et à tourner les pages du traitement de textes.

Martine avait un papa opiniâtre, qui mit de très nombreuses années à imaginer et à mettre au point avec des techniciens un système informatique particulier de défilement de lettres. En fait, cette jeune femme, aux déficiences similaires à celles de Jojo, avait appris à lire et à écrire, sans se servir de ses mains ou bras et sans savoir parler d'une façon intelligible. On lui présentait une pyramide de lettres et on les suivait avec le doigt. Elle faisait un mouvement de la tête quand on était sur le bon chemin et finalement sur la bonne lettre. Leur cumul donnait alors un mot et plusieurs mots une phrase. Elle savait ainsi communiquer, mais pas écrire. L'ordinateur lui offrit cette chance, si j'ose dire. En fait, sur un iMac, avec des raccourcis d'ouverture, un défilé de lettres s'offrait à elle, selon une rapidité adaptable. Elle pouvait inscrire une lettre choisie dans une fenêtre en bas de l'écran. Elle choisissait cette lettre en tapant avec le dos de la main sur un gros bouton poussoir, un des rares gestes grossiers dont elle était capable. Progressivement, de lettre en lettre, le message s'inscrivait et s'organisait. Une commande simple lui permettait de l'imprimer, et, ultérieurement, elle fut même capable de l'envoyer par mail.

Sam était né avec un spina-bifida et une hydrocéphalie dérivée. Jeune, il avait traversé un plancher et s'était retrouvé en plus avec une hémiplégie droite. Il avait l'habitude de juxtaposer des boudins de terre glaise pour construire avec de l'aide des maisons miniatures. L'ordinateur lui a ouvert les portes au dessin d'une sorte de juxtapositions de figures géométriques, censées représentées des maisons. Il avait clairement en tête une sorte de plan, même si le résultat final était des plus sommaire. Dans une autre vie, il aurait peut-être été architecte.

L'ordinateur est un outil extraordinaire pour tous ces enfants et toutes ces personnes avec déficiences. Cela leur donne une chance d'améliorer, parfois considérablement leur autonomie et leur capacité de communication. Cela se fait au prix d'adaptations personnalisées au niveau de l'écran (grandeur des contenus, contrastes), au niveau du clavier (grossi, simplifié), de la souris (grossie, verticale), d'un joystick, et bien sûr de divers contacteurs. Cela a ouvert la porte à la communication, aux apprentissages et, dans des cas de grande dépendance physique, à un contrôle de l'environnement (domotique).

2. L'INTERNET ET LE WEB

Le 29 octobre 1969 à 10 h 30 marque la naissance d'Internet : l'UCLA (Université de Californie à Los Angeles) et le Stanford Research Institute communiquent à l'aide de deux ordinateurs reliés entre eux (Arpanet). Le mot internet n'a été introduit qu'en 1983 et sa technologie résulte d'une multitude de progrès dans le domaine des télécommunications et des mises en réseau. En 1985, moins de 2.000 machines sont connectées à Internet. C'est une agence du gouvernement américain qui est derrière la création de ce qui allait devenir le plus grand système d'échange de tous les temps. Cependant, il y a plusieurs bémols derrière cette affirmation. Premièrement, l'idée et le savoir-faire sont venus d'entreprises privées. Deuxièmement, l'internet n'aurait pas été possible sans l'évolution essentielle de l'ordinateur grâce à l'invention du transistor et du circuit intégré en silicium, œuvres également du secteur privé (Texas Insutruments et Fairchild), lesquelles ont mené au développement du microprocesseur (TI et Intel). Troisièmement, l'internet est demeuré une technologie sous-développée et inutile pendant plus de 25 ans, jusqu'à ce que le gouvernement américain la rende disponible au secteur privé, qui a dès lors développé l'infrastructure et les applications nécessaires à l'expansion de cette technologie chez le commun des mortels.

2.1. Une société du numérique déjà

Ce vocable semble se substituer à des expressions jusqu'ici consacrées telles que « société de l'information » ou « société en réseaux », comme si elle en était une nouvelle étape. Elle insiste sur la puissance des technologies qui imprègnent désormais l'ensemble de nos sociétés. Elle est également l'affirmation de l'émergence d'une ère nouvelle dans une sorte de nouveau palier de l'évolution de l'humanité. Le numérique, c'est l'Internet utilisé à tout moment et partout via la téléphonie. C'est le smartphone, l'ordinateur portable, le wifi dans tous les lieux publics. D'un point de vue sociologique, les années 1980 ont conduit à un changement de valeurs sociales avec le triomphe de l'individualisme et de nouveaux modèles familiaux plus éclatés. Cette décennie est le ferment de toute la société actuelle avec une critique du modèle classique et du patriarcat, un début d'émancipation des femmes et l'autonomie des individus. Ces outils numériques favorisent en particulier cet individualisme, parfois forcené. Au départ, très chers et donc mis en commun, ils sont pourtant conçus comme des outils individuels.

Aujourd'hui, le lien affectif à un mobile ou à un portable est avéré et il va aller en s'accentuant avec les objets connectés portatifs devenant une sorte d'excroissance de leur propriétaire. Il n'est qu'à voir le désespoir de celui qui a égaré son portable. Conçus comme le prolongement de l'individu, ces outils lui ont donné l'opportunité de se créer une nouvelle identité numérique, parfois en opposition à son identité réelle. Elle constitue une échappatoire pour l'individu dans une société en manque de repères. Cette situation fait émerger une nouvelle culture psychologique : la quête de soi, pour le meilleur et parfois pour le pire. Sous le couvert d'un anonymat illusoire, certains se laissent aller à des expressions de haine et de sexisme peu communes. Les communautés numériques, la blogosphère, puis le Web 2.0 apportent un élément de réponse en ce qu'ils vont donner à l'individualisme la possibilité de se connecter. L'individu devient le noyau central de la société de services et de cette société de l'information. Sa croisade pour la quête du lien social sera désormais numérique. En très peu de temps, le numérique est devenu un mode de vie, un idéal de transformation vers des sociétés dématérialisées, un puissant instrument de socialisation et presque une extension de l'esprit.

Les discours idéologiques sont nombreux et contribuent puissamment à l'idée que nous allons rater quelque chose en nous déconnectant. Le virtuel est désormais aussi important que le réel. Cet espace virtuel modifie l'individu, contracte sa perception du temps, de l'espace et des liens sociaux. Il donne des modèles de société. C'est un véritable séisme au niveau cognitif qui reconfigure l'être humain et la culture humaine. On parle dorénavant de plus en plus d'une humanité digitale.

2.2. Les réseaux dits sociaux

Ayant alors une vie professionnelle très active et un cercle d'amis qui me suffisait, je n'ai jamais été très friand de ces réseaux sociaux par machines interposées. Le réseau social *Classmates* fut créé en 1995, comme l'un de premier réseau social puisqu'il permettait de retrouver des camarades de classe. En 1996, *SixDegrees* permettait de créer un profil et des listes d'amis. Entre 1997 et 2003, il y eut un engouement pour les réseaux sociaux, mais il faut attendre le 22 juillet 1999 pour voir apparaître *MSN Messenger*. Service de messagerie instantanée il connaît immédiatement un immense succès. Il était possible de discuter, de s'envoyer des photos ou de se parler par webcam.

Cela a duré jusqu'en 2013. La technologie aidant, de nouvelles applications voyaient le jour, dont *Facebook.*

Le développement des réseaux informatiques et donc des machines et donc des humains qui les utilisent a donné un essor énorme aux échanges de savoir, mais également à la création d'échanges sociaux où prime le culte de soi. Aujourd'hui il existe une multitude de réseaux sociaux : les réseaux sociaux généralistes ou spécialisés, les réseaux sociaux mobiles ou géo localisés, les réseaux sociaux professionnels ou anonymes, les réseaux sociaux sur mobile uniquement, etc. Chacun d'entre eux répond à un besoin bien précis.

3. PREMIERS CONTACTS AVEC LES ROBOTS

3.1. Robby

Je me souviens encore de mon premier robot jouet à la fin des années 1950. Il s'appelait Robby et j'ai appris plus tard qu'il était inspiré du Robby du film *Planète interdite* de 1957.

Ce film de Wilcox constitue un point crucial dans l'histoire des films de sciences fiction puisqu'il pose les bases d'une esthétique à base de vaisseaux spatiaux gigantesques aux couloirs immenses et aux puits sans fond. Il a inspiré toutes les oeuvres suivantes. Le robot Robby a assurément influencé la création de C3PO de *Star Wars*. Il lui ressemble même. On y retrouve l'ambiance menaçante des *Aliens*. Quant à l'exploration spatiale, elle a fortement influencé la série *Star Trek* avec des machines de téléportation. Au XXIIe siècle, le vaisseau spatial C 57 D se pose sur la lointaine planète Altaïr 4. Une expédition dirigée par le commandant Adams vient enquêter sur la disparition, vingt années plus tôt, du navire spatial Bellérophon et de son équipage. Les explorateurs sont accueillis par Robby, un robot ultra perfectionné qui les conduit jusqu'à la formidable demeure de l'énigmatique Docteur Morbius. Celui-ci avec sa fille Altaïra sont les seuls survivants de l'expédition précédente qui a été décimée par une force inconnue. Le Docteur Morbius explique qu'il a découvert qu'il y a plusieurs milliers d'années, la planète était habitée par des êtres à l'intelligence exceptionnelle, les Krells, qui ont mystérieusement disparu, laissant derrière eux des traces de leur civilisation : un cube gigantesque de plusieurs kilomètres de côté capable de fournir une énergie incommensurable éternelle. Ce film reste incontournable pour la profondeur de son propos et les moyens mis à la disposition de sa réalisation. Il faut dire qu'il était inspiré de *La tempête* de Shakespeare. Un duc exilé se retrouve avec sa fille sur une île déserte. Grâce à la magie, il maîtrise les éléments naturels et les esprits, qu'il déchainera contre les occupants d'un navire venu accoster sur l'île. Le Duc devient dans *Planète interdite* un scientifique rescapé d'une ancienne expédition spatiale, coincé sur cette planète, exilé là depuis 20 ans avec sa fille. L'équipage du navire sera lui figuré par la mission de sauvetage venu chercher des survivants. Le film reprend donc une structure classique Shakespearienne ce qui lui confère une force d'évocation dont bien peu de films de science-fiction peuvent se targuer : supériorité de l'esprit sur la matière, remise en question de l'utilisation du savoir, et surtout questionnement sur les démons intérieurs.

Dans le film, Robby s'exprime dans de nombreuses langues (« si vous ne parlez pas anglais, je suis à votre disposition avec 187 autres langues, leurs divers dialectes et idiomes », dit-il). Il peut soulever des poids formidables. Il synthétise tout grâce à un mécanisme interne, depuis des pierres précieuses jusqu'à des bouteilles de whisky. Il effectue des tâches domestiques telles que la cuisine et le nettoyage. Il est programmé pour ne jamais porter préjudice à un être humain, en accord avec les 3 lois de la robotique édictées par Isaac Asimov en 1942.

Je me souviens bien de mon Robby. Il était immense à travers mes yeux d'enfants, de couleur noire, avec de gros pieds et des mains rouges en forme de pince. Il avait surtout une tête ovoïdale avec deux antennes et des yeux qui pouvaient s'allumer. Il se déplaçait sur deux jambes raides. C'était absolument fascinant de le voir avancer en faisant des petits bruits mécaniques, avec ses yeux rouges. On ne pouvait que le regarder, car les interactions avec lui étaient impossibles. Comme je n'ai vu le film que bien plus tard, je ne pouvais l'imaginer, par exemple, sauvant une quelconque princesse. Il s'agit de souvenirs et je ne suis pas certain qu'ils soient exacts. Il n'empêche que je ne l'ai jamais oublié et que je ne sais pas ce qu'il est devenu. On peut encore aujourd'hui en acheter une réplique pour quelques dizaines d'euros.

Cela a éveillé ma curiosité et donné le goût pour le genre « anticipation », aussi bien au cinéma que dans les livres : Bradbury, Van Vogt, Dick, Sturgeon, Simak et bien d'autres, sans oublier le principal, l'unique Asimov. Mais, commençons par le commencement.

3.2. Les automates

Déjà dans l'Antiquité, l'homme fabriquait des automates. Il a toujours cherché à créer des machines animées reproduisant des êtres vivants. Dans l'Égypte des pharaons, les prêtres faisaient fabriquer des statues, dont une partie pouvait être manipulée à l'abri des regards, afin de faire croire qu'elles étaient vivantes. Ils voulaient ainsi frapper l'imagination des spectateurs et augmenter leur dépendance au religieux. L'époque gréco-romaine a, elle aussi, connu une quantité d'automates dont le fonctionnement était fondé sur les principes simples de la physique, comme le mouvement des liquides et la compression de l'air.

Les automates bien connus du château et du parc d'Hesdin datent de la fin du XIIIe siècle, lorsque Robert II d'Artois rénova et agrandit le domaine. Il s'agit plus, d'après les comptes du XIVe siècle, de statues en bois animées comme des marionnettes que de véritables objets articulés se mouvant seuls. Ces divertissements avaient une grande importance aux yeux des princes puisque, malgré les réparations continuelles et coûteuses dont ces engins ont fait l'objet, ils ne disparaissent des comptes qu'en 1475 environ. Les seigneurs exprimaient probablement ainsi leur puissance et leur richesse. [11]

L'automate est devenu familier aux gens de la rue à partir du XIVe siècle, grâce aux horloges animées des grandes cathédrales. Ces scènes représentaient des hommes ou des animaux qui se mettaient en mouvement pour marquer chaque changement d'heure. Citons l'Horloge astronomique de Strasbourg, celle de Dijon et la célèbre Horloge Saint-Marc de Venise. Par exemple, celle de Strasbourg est le produit d'une collaboration entre artistes, mathématiciens et techniciens de l'époque. Horlogers suisses, sculpteurs, peintres et créateurs d'automates travaillèrent de concert. Le mécanisme actuel date de 1842, mais en 1354, on y voyait déjà un astrolabe décrivant le cours du soleil et de la lune, un coq qui chantait, les rois Mages qui s'inclinaient devant la Vierge. Tous les jours, à midi trente, les automates s'activent encore et l'on peut voir les différents âges de la vie qui, personnifiés par un enfant, un adolescent, un adulte et un vieillard, passent devant la Mort. Plus haut, ce sont les apôtres qui défilent devant le Christ. Leur passage est ponctué par les battements d'ailes et le chant d'un grand coq.

Ce sont donc surtout les horlogers qui vont bénéficier de ces nouvelles techniques. Le vrai robot médiéval n'est pas l'un des automates qui dansent et parlent au château d'Hesdin, c'est l'horloge astronomique de Strasbourg, chef d'œuvre de mécanique qu'on est venu admirer pendant des siècles. Les premiers amusent et étonnent, mais c'est la seconde qui change le monde. L'apparition des horloges permet en effet de mieux découper le temps, ce qui permet de mieux le contrôler.

« Horloge ! dieu sinistre, effrayant, impassible,
Dont le doigt nous menace et nous dit : Souviens-toi !
Les vibrantes douleurs dans ton cœur plein d'effroi
Se planteront bientôt comme dans une cible… »[12]

---

[11] Truitt E. R. (2016) Medieval Robots. Mechanism, Magic, Nature, and Art. University of Pennsylvania Press.

[12] Les fleurs du mal, Charles Baudelaire.

Au XVIIe siècle, une nouvelle sorte d'automates apparaît, les automates androïdes. Ils possédaient un mécanisme d'horlogerie très complexe nécessitant plusieurs années de réflexion et de réalisation. Capables de dessiner, d'écrire, de jouer d'un petit instrument de musique, parfois capables d'articuler quelques paroles, ils étaient fabriqués à l'unité comme un splendide bijou de précision. Il n'en reste que quelques exemplaires conservés dans les musées ou chez de très rares particuliers.

Le canard de Vaucanson date du XVIIIe siècle : il boit, se nourrit, caquète, s'ébroue dans l'eau, digère sa nourriture et même défèque. Les automates Jacquet-Droz (la musicienne, l'écrivain et le peintre) sont également des merveilles de précision.[13]

À la fin du XIXe siècle, l'industrie du jouet connut un développement considérable grâce aux progrès techniques et à la multiplication des expositions universelles. Les fabricants d'automates, installés au cœur de Paris, purent en proposer une production plus importante à des prix enfin raisonnables. En même temps, les familles aisées s'en éprirent. Par son aspect d'objet d'art, l'automate devint un objet de collection et il connut une mode sans pareille. Ces jouets mécaniques étaient plus destinés au plaisir des yeux qu'à celui des enfants. Aujourd'hui de nombreux collectionneurs perpétuent cette tradition et donnent par-là même, toute leur importance à de nombreuses pièces uniques et rares.

Dès le milieu du XIXe siècle (Au Bon Marché en 1852 à Paris), la création des grands magasins renforça la compétition entre les commerçants. Ces derniers utilisèrent la publicité qui connut donc en quelques années un essor considérable. L'automate s'adapta volontiers aux besoins nouveaux de la publicité : placé dans une vitrine, il séduisait le client et l'incitait à pénétrer dans le magasin.

Puis la fée électricité transforma définitivement le monde des automates. En effet, Paris fut progressivement électrifié au début du XXe siècle. Doté d'un petit moteur, l'automate put fonctionner

[13] Musée d'Art et d'Histoire, Ville de Neuchâtel.

en continu sans être remonté. C'est alors que les grands magasins eurent l'idée des grandes scènes animées. Plusieurs dizaines d'automates furent exposés en même temps à la vue de tous les passants. L'automate devint plus grand, plus imposant. Et pendant plus de cinquante ans, à l'époque des fêtes de fin d'année, il a séduit infatigablement les enfants ainsi que leurs parents. Dans de nombreuses villes (Düsseldorf, par exemple), ces vitrines animées subsistent de nos jours.

Certains de ces automates ont enchanté notre enfance et nous enchantent encore. Je pense à ces petites boîtes à musique avec sa ballerine ou autre chevalier. Certaines sont de véritables œuvres d'art. J'avais dans ma chambre une ballerine qui tournoyait quelques instants sur un petit miroir rond au son d'une musique classique. Elle avait besoin que j'en remonte le mécanisme à chaque fois.

Les évolutions les plus profondes et les plus durables ne viennent pas de ces automates de cour, qui bougent et parlent, de ces merveilles uniques de précision et d'élégance. Ne dépendent-elles pas plutôt des petits mécanismes invisibles qui font aussi tourner nos montres, nos ordinateurs ? De même, on peut penser que les robots androïdes les plus célèbres d'aujourd'hui ne sont pas les véritables pivots du changement à venir. L'hôtel de Henn-na, entièrement géré par des robots, est l'équivalent du château d'Hesdin : un lieu qui vise à divertir, une attraction. Il est quasi entièrement géré et entretenu par des androïdes. Pendant que nous nous extasions sur ceux qui nous ressemblent, nous oublions toutes les autres formes de mécanisation et d'automatisation, qui pourraient avoir plus d'impact que les premiers. Aspirateurs automatiques, systèmes de gestion domotique, banques en ligne, drones, et bien d'autres. Ce sont probablement ces robots-là qui auront un impact économique, modifieront les rapports sociaux, pousseront à proposer de nouvelles philosophies du pouvoir. Ils nous forceront, comme l'ont fait les moulins et les horloges pour les hommes du Moyen Âge, à repenser les rapports entre vivant et machine, technique et nature, réel et artificiel. (Truitt, *op. cit.)*

3.3. Les automates programmables

Bien avant les robots qui assemblent nos voitures, on a assisté à la prolifération dans les usines de bases de commande du guidage de machines-outils. Dès le XVIIIe siècle, ces équipements mécaniques réalisaient d'une manière répétée et identique des tâches d'usinage de pièces, surtout en fer, mais aussi en bois : tours, machines à fendre, à découper, à tailler, à percer, à scier, à limer, etc. Ils libéraient l'homme de tâches répétitives et parfois lourdes ou dangereuses, mais augmentaient aussi les savoirs requis, mettant au chômage ceux n'y ayant pas accès.

L'automation industrielle assure le fonctionnement d'une machine ou d'un groupe de machines sans intervention humaine. En d'autres termes, l'automation consiste dans la programmation d'un système de contrôle du travail d'une machine-outil. Ce matériel électronique a ces dernières décennies été assisté par l'ordinateur. L'élément de base de l'automatisation reste cependant l'automate. Ce véritable système électromécanique miniature et électronique traite les informations envoyées par les capteurs et après traitement par son programme interne, envoie des consignes par un traitement séquentiel. La différence fondamentale entre un automate et un ordinateur est sa conception même, qui répond aux besoins de l'automatisation industrielle : une réactivité quasi immédiate, une robustesse sans égale, une maintenance facile, des entrées bien claires et identifiables par l'opérateur, des sorties aussi clairement identifiables. Bref, un homme seul assure le fonctionnement d'une ou plusieurs machines d'une manière bien plus fiable que ne le faisait un groupe d'ouvriers auparavant.

Cela concerne l'industrie notamment automobile, mais aussi nucléaire (là il est question aussi de sécurité, la machine n'étant pas sensible aux radiations), mais aussi le domaine médical[14] et

[14] Réalisation, par exemple, par soudure ultrason de masques respiratoires utilisés dans l'industrie médicale, notamment dans le cadre de la prévention de pandémies type grippe H1N1.

le domaine de la robotique (désamorçage de bombes, travail dans des milieux extrêmes).

Je me souviens également de ces musiciens des rues, accompagnés parfois d'un singe, qui faisaient jouer leur boîte à musique en déroulant des partitions à trous. L'orgue de barbarie a enchanté nos rues des années 1700 jusqu'aux années 1960. Il arrive encore d'en rencontrer au détour d'un lieu touristique, surtout en France.

3.4. La cybernétique et les automates autorégulés

Les automates autorégulés forment la base de la cybernétique.[15]

La cybernétique peut être considérée comme particulièrement déterminante à l'ère de l'information et des systèmes complexes. Leur maîtrise ainsi que la compréhension de cet autre système complexe qu'est la biosphère font partie des enjeux majeurs pour le XXIe siècle. Le type de société qui émerge aujourd'hui dans les pays industrialisés découle directement des applications de la cybernétique : processus de robotisation de la production, réseaux financiers mondialisés, nouvelles méthodes de management et d'organisation de l'entreprise, réseaux de communication et réseaux informatiques, nouveaux systèmes d'armes intelligentes. La cybernétique est par essence une science du contrôle et de l'information, visant à la connaissance et au pilotage des systèmes. Lorsque cette science a été inventée, le gouvernement américain souhaitait la classer secret défense. Grâce à l'opposition de Norbert Wiener, la cybernétique a été rendue publique, mais sa diffusion restreinte à un cercle de spécialistes.

Les automates ne se contentent plus d'effectuer des mouvements préprogrammés, mais interagissent avec leur environnement qui

---

[15] La cybernétique ou art de gouverner, est plus précisément une science qui assure le contrôle des systèmes selon 4 axes interdépendants : l'information, la communication, la rétroaction et le signal. Elle concerne aussi bien les systèmes vivants (la cellule, p.e.) que non vivants (banque, armement, réseaux informatiques, etc.).

d'ailleurs les gouverne. Quelques exemples : le chien électrique de Hammond et Miessner (1915) se guide à la lumière, tout comme Philidog, le chien de Henri Piraux (1928) et le renard de Ducrocq (1953). L'ingénieur américain Joseph Barnett présente Elektro en 1939 à l'exposition universelle de New York. Cet humanoïde mesurait plus de 2 mètres et pesaient environ 120 kilos. Il pouvait effectuer 26 mouvements, voir grâce à des cellules photoélectriques et prononcer 700 mots.[16] Il y a très, très longtemps, des êtres humains créèrent un ou des dieux à leur image. Ils lui donnèrent la consigne de créer un être à son image, un être doué de raison, de choix et disposé au sommet d'une hiérarchie dans cette création, devenue évolution à un moment de l'histoire. En effet, de son expérience personnelle, l'homme inférait que rien ne vient à exister qui n'a été fabriqué. En réalité, l'univers ne pouvait qu'avoir succédé au néant et avait forcément fait l'objet d'une création *ex nihilo*, qui lui était destiné. L'idée qu'un système complexe puisse être doté d'une puissance d'évolution autorégulée a été longue à prendre forme. Ce sont les progrès réalisés en électronique et en informatique qui permettent aujourd'hui de regarder bien des systèmes naturels, la vie tout simplement, comme des systèmes autorégulés. Pour l'homme et son néocortex développé, il reste difficile d'admettre qu'on se trouve en présence d'une « machine » autorégulée. Reconnaître que les mécanismes cognitifs de l'homme résultent d'une production de la matière, ensuite un système autogéré, libre de toute intervention extérieure, surtout magique, reste manifestement au-delà de l'entendement de la plupart de nos contemporains. Que l'homme puisse n'être qu'un automate autoprogrammé leur paraît absurde et invraisemblable. Parce que ce serait faire descendre l'homme du piédestal où il a si longtemps été placé. L'homme conçu à l'image de dieu peut-il devenir l'homme devenu simple automate autoprogrammable ? Ce serait consentir à reconsidérer son pouvoir créateur, sa liberté, son libre arbitre, sa conscience, bref tous ses attributs qui le placent au-dessus des autres créatures vivantes. Chacun

[16] Jean-Arcady Meyer a publié un texte remarquable sur l'histoire de la robotique : http://jeanarcady.meyer.free.fr/wordpress/index.php/dei-ex-machinis/

considère encore qu'un être humain est bien plus complexe qu'une simple araignée. Et pourtant...[17]

4. LES PREMIERS ROBOTS

Et les robots dans tout cela, me direz-vous ?

Au XXe siècle, on en parlait, mais on en voyait peu ou pas du tout, en tout cas dans la vie de tous les jours. Pourtant, Le Charlotte de Moulinex date de 1960, les premiers robots tondeurs (Mowbot) ou aspirateurs (Oustbot) datent des années 1985. Ce n'était pas accessible à tout le monde et puis en avions-nous vraiment besoin ? En 1966, General Motor installe les premiers robots industriels dans ses usines de montage. Dans les années 1980 commence le développement de la domotique, qui représente une aide formidable à l'autonomie des personnes en situation de handicap. On connaît la suite et nous y reviendrons.

Il faut attendre notre siècle pour voir apparaître les véhicules autonomes, les ordinateurs intelligents, les robots humanoïdes, les assistants domestiques, etc. Je sais que tout cela existe, mais je n'en ai jamais vu qu'en image, sauf le train automatique à l'aéroport de Zurich ou les trains magnétiques à Shanghai ou à Tokyo.

Un robot est un dispositif autonome composé d'éléments mécaniques articulés et d'éléments électroniques :

- Un contrôleur en est l'unité de programmation, le cerveau du robot.
- La programmation indique au robot les mouvements qu'il doit réaliser. Elle peut s'effectuer en amont, sur ordinateur, ou pendant l'utilisation, par une interface humain-machine (panneau de commande, télécommande).

---

[17] Voir Dalla Piazza S. (2019) *Après avoir lu ce livre, vous ne verrez plus la vie de la même façon*, à paraître.

- Un ou des capteurs permettent de détecter des informations pour pouvoir réagir en interaction avec l'environnement. Ils sont assimilables à des organes de perception (vision, toucher, capteur d'efforts...). Cela permet à la machine de contourner des obstacles.
- Des actionneurs permettent la mise en mouvement du robot et la réalisation des interactions (avancer, reculer, attraper un objet, etc.).

Il en existe une multitude, qu'on peut classer dans quelques groupes :

- Robots industriels : soudeurs, de démolition, de nettoyage, d'emballage ou de surveillance.
- Robots médicaux de diagnostic, de chirurgie.
- Robots domestiques, culinaires, de nettoyage.
- Robots de loisirs : animaux familiers ou non, joueur de trompette.
- Robots militaires : drones de surveillance ou d'attaque, de destruction d'engins explosifs.
- Robots explorateurs : dans l'exploration spatiale ou dans des milieux extrêmes (centrale nucléaire, épaves).
- Robots à forme humaine : bipédie et capacité de faire des choses que seul l'humain pouvait faire jusqu'à présent, jusqu'aux expressions faciales (voir bébé *Affeto*).

Bref, leurs domaines d'application se multiplient sans cesse.

4.1. Isaac Asimov (1920-1992)

Pendant ce temps, un auteur au parcours scientifique remarquable vulgarisait et créait des histoires à bout de bras. C'est certainement un des auteurs de mon adolescence qui m'a fait le plus rêver. J'aurais presque pu citer ses trois lois par cœur :

1. « Un robot ne peut porter atteinte à un être humain ni, restant passif, laisser cet être humain exposé au danger. »
2. « Un robot doit obéir aux ordres donnés par les êtres humains, sauf si de tels ordres sont en contradiction avec la Première Loi. »

3. « Un robot doit protéger son existence dans la mesure où cette protection n'entre pas en contradiction avec la Première ou la Deuxième Loi. »

C'était un visionnaire qui avait prédit en 1964 le monde de 2014.[18] On y retrouve les quelques éléments suivants :

Prédiction	Réalisation
Des vaisseaux sans équipage humain auront atterri sur Mars	Voir Curiosity
Les robots ne seront pas très communs ni très performants, mais ils seront bien là	Voir Kenshiro
Pour des courtes distances, des trottoirs roulants feront leur apparition dans les centres-ville	Voir les escalators et trottoirs mécaniques dans les aéroports
On se focalisera de plus en plus sur les moyens de transport qui ont le moins de contact avec le sol	Voir le train à sustentation magnétique de Shanghai Voir hyperloop
Des satellites synchronisés, en orbite, rendront possibles les appels directs partout sur la planète	Téléphonie accessible partout
Les communications seront à la fois visuelles et auditives. Vous pourrez voir et entendre la personne à qui vous téléphonez. Les écrans serviront non seulement à communiquer, mais aussi à consulter des documents, lire des livres, regarder des photos	Skype, Hangouts, Internet
Des téléviseurs 3D à taille humaine diffuseront des ballets	Le ballet du Lac des cygnes a été filmé et diffusé en 3D le 6 juin 2013 au théâtre de Saint-Pétersbourg

[18] Voir le New York Times du 16 août 1964 : https://archive.nytimes.com/www.nytimes.com/books/97/03/23/lifetimes/asi-v-fair.html

La population mondiale atteindra les 6 milliards 500 millions.	En réalité en 2005
Des repas entiers semi-préparés pourront être stockés au frigo et prêts à être consommés. Les équipements de cuisine pourront préparer des repas automatiques, chauffer l'eau et en faire du café.	Tout cela existe effectivement
Les appareils électriques n'auront plus besoin de fil électrique pour fonctionner	On pense ici à la recharge par induction magnétique
Apparition de véhicules avec des robot-brains	Pilotage automatique des avions Véhicules sans conducteur, y compris volants ou sous-marins

Tableau N° 1 : Quelques prévisions d'Isaac Asimov.

Chacun connaît les 3 lois évoquées plus haut et parues dans le Cycle des robots dès 1941, en particulier dans la nouvelle *Menteur !* où est évoqué également pour la première fois le mot « robotique ». Son cycle des robots comporte 5 volumes, écrits entre 1950 et 1985, dont les péripéties d'étalent entre 1980 et 5090 :

1. *Les robots* et *Un défilé de robots* : chaque machine a un cerveau positronique, ce qui leur donne une certaine conscience. Une robopsychologue, Susan Calvin, y décrit la mise en place des robots dans la société humaine, l'application des 3 lois et les débuts de la conquête spatiale, tout cela aux XXe et XXIe siècles.
2. *Les cavernes d'acier* : une partie de l'humanité a colonisé l'espace (les Spaciens) avec l'aide des robots et a vu son espérance de vie considérablement allongée. Les Terriens vivent comme des rats sous dômes et se révoltent contre les robots. On y préconise l'extension de la conquête spatiale, car les Spaciens sont décadents, incapables de se débrouiller sans l'assistance des robots, réduits à la stérilité créative.
3. *Face aux feux du soleil* : 50 autres planètes ont été colonisées et il y a dorénavant plus de robots que de Spaciens. Chacun

est responsable d'un domaine immense et se retrouve isolé, ne communiquant plus avec ses semblables que grâce à des hologrammes.

4. *Les robots de l'aube* : sur un fond de relations affectives et une enquête sur le meurtre d'un robot, les Terriens ont l'autorisation des Spaciens de coloniser d'autres mondes.
5. *Les robots et l'Empire* : la loi ZERO est inventée : « Donner priorité aux actions favorisant l'humanité, même si cela contredit la loi UN. » Cela oblige les Terriens à accélérer la colonisation de l'espace, car la planète Terre va être détruite.

Le style de son écriture a changé avec le temps et on a ainsi le conseil de fans de lire son œuvre dans le sens suivant :

Fondation	Cycle de Fondation
Fondation et empire	Cycle de Fondation
Seconde fondation	Cycle de Fondation
Les robots	Cycle des robots
Un défilé de robots	Cycle des robots
Les cavernes d'acier	Cycle Elijah Bayley
Face aux feux du soleil	Cycle Elijah Bayley
Les robots de l'aube	Cycle Elijah Bayley
Les robots et l'empire	Cycle Elijah Bayley
Les courants de l'espace	L'ascension de Trantor
Poussières d'étoiles	L'ascension de Trantor
Cailloux dans le ciel	L'ascension de Trantor
Fondation foudroyée	Cycle de Fondation
Terre et Fondation	Cycle de Fondation
Prélude à Fondation	Cycle de Fondation
L'aube de Fondation	Cycle de Fondation

Cela permet de situer le cycle des robots dans un ensemble bien plus vaste, qui est en fait une histoire future de l'humanité, sur fond d'un relatif optimisme. Le souci d'Asimov semble être la maîtrise du temps, de la destinée, de l'avenir. Le seul moyen de garantir un avenir meilleur, c'est d'influer sur le présent pour le mettre sur la bonne voie. On retrouve dans son œuvre la critique de la guerre, de l'oppression, du racisme, de l'exclusion, du génocide.

Ces lois devront être dépassées et font l'objet de discussions où se mêlent techniciens et juristes.[19]

4.2. L'angoisse des robots ou la vallée dérangeante

L'angoisse suscitée par les robots n'est pas due à une seule cause. On peut au moins lui donner 4 aspects :

- Le premier est lié à l'instinct. Lorsqu'une espèce d'animal, en particulier les grands singes et l'être humain, est confrontée à un individu d'une autre espèce inconnue, la première réaction est la peur et la fuite, parfois l'agression en conséquence. C'est pareil devant un robot surtout humanoïde. Au-delà de la crainte de subir une agression existe une réelle curiosité.[20] On sait pourtant immédiatement que le robot n'est pas humain, même si certains peuvent nous ressembler. C'est cette ressemblance qui nous fascine et nous angoisse.
- Le deuxième a trait à la religion. La création de la vie ne peut être que d'origine divine, en tout cas dans les religions monothéistes. « Tu n'auras pas d'autres dieux que moi. Tu ne feras aucune idole, aucune image de ce qui est là-haut dans les cieux, ou en bas sur la terre, ou dans les eaux par-dessous la terre. » (Décalogue : 1er commandement). Le robot ne peut pas être une créature de Dieu, ni s'en rapprocher.
- Le troisième concerne la notion de travail. Depuis la révolution industrielle et même avant, les machines ont représenté d'un côté une avancée qui devait rendre le travail moins pénible, et de l'autre un mal asservissant l'être humain au profit d'une classe sociale dominante. Depuis quelques décennies, les robots remplacent les ouvriers dans la production à la chaîne. Il n'est donc pas étonnant que le robot, à la fois symbole de la technologie et de la productivité, engendre une réaction *a priori* négative dans les

---

[19] On lira le rapport de CERNA (Commission de réflexion sur l'Éthique de la Recherche en sciences et technologies du Numérique d'Allistene) : http://cerna-ethics-allistene.org/digitalAssets/38/38704_Avis_robotique_livret.pdf

[20] Voir les humanoïdes particulièrement ressemblant de Hiroshi Ishiguro : http://www.geminoid.jp/en/index.html

classes populaires, celles qui subissent les effets directs du changement. Le robot vole le travail des humains, et surtout leur gagne-pain.

- Le quatrième repose sur la culture. Suite aux progrès techniques, le XIXe siècle en particulier a été prolifique dans la fabrication de mythes de toutes sortes, mythes qui se terminent mal : celui de Frankenstein de Shelley, du Golem mythique, Olympia d'Ernst Hoffman, etc. Ils ont laissé l'idée impérissable qu'à jouer au démiurge, la créature finit toujours par se rebeller.

Pour Asimov, les robots sont des machines comme les autres et non des monstres incontrôlables. Ils comportent cependant des dispositifs de sécurité, comme toute machine possède des fusibles pour la protéger des surtensions. C'est cette réflexion qui conduira Asimov à créer les trois lois de la robotique.

Masashiro Mori, un des pères de la robotique humanoïde japonaise, a tenté d'expliquer ce phénomène de réticence et d'angoisse devant les machines humaines.[21] Il a en fait développé le concept de « vallée dérangeante ». La vallée dérangeante définit le fait que, lorsqu'un robot est identifié comme tel, nous avons tendance à remarquer ses aspects humains. De ce fait, cela nous amène à éprouver une certaine affection pour lui. Ce phénomène d'empathie se reflète également lorsqu'un animal adopte un comportement proche de l'humain, comme un singe mangeant une banane ou le regard d'un cocker. Cependant, ce début d'empathie s'arrête lorsque le robot ressemble trop à un être humain. Si son comportement apparaît comme « non humain », il provoque alors une sensation de malaise, d'étrangeté. Quand ce sentiment apparaît, le robot humanoïde entre dans la vallée dérangeante. Il n'est plus appréhendé comme un robot, mais comme un être humain n'arrivant pas à avoir un comportement normal. Ce phénomène d'assimilation passe à la fois par son apparence, c'est-à-dire un semblant de peau, des

---

[21] Mori, Masahiro (1970). Bukimi no tani (The uncanny valley). *Energy, 7*, 33–35.

poils, des cils par exemple, mais aussi et surtout par ses gestes tels qu'un sourire ou un haussement de sourcil qui ne paraîtraient pas naturels.

On entre ici dans le phénomène d'empathie, avec les neurones miroirs et la détection de ce qui nous ressemble et ce qui nous est étranger, selon une gradation. Un cadavre ou une main artificielle ressemble à un humain ou à un membre réel, mais ne le sont pas ou plus. Une prothèse peut atteindre un certain degré de ressemblance avec une main humaine, un peu comme une fausse dent. Mais quand nous comprenons que cette main, qui a l'air réelle, est en fait artificielle, nous ressentons une sensation étrange. On est surpris en serrant cette main par sa texture différente de la nôtre et sa froideur. À ce moment-là, nous perdons toute affinité avec la machine. Le cadavre comme la main artificielle s'installent alors dans la vallée de l'étrange et y restent. Par contre, un robot industriel ne provoque pas d'empathie même si ses mouvements ressemblent à ceux d'un humain. Il ne provoque pas non plus de malaise, car on sait que c'est une machine. Un animal en peluche provoque lui de l'empathie par sa ressemblance, même s'il s'agit d'animaux mythiques comme une licorne (qui reste malgré tout un cheval). Idem pour un bébé jouet ou pour une marionnette. On peut donc dire qu'un robot sera d'autant plus toléré par les hommes qu'il ne leur ressemble pas vraiment.

Les fabricants de robots pour le grand public privilégient donc des designs mignons, voire enfantins. C'est une bonne technique pour infantiliser des utilisateurs potentiels face à des technologies qu'ils maîtrisent de moins en moins. Rien de tel qu'un design rond, sans aspérité. Il suffit de se laisser attendrir.

4.3. Pour ou contre les robots

Il y a bien sûr les technophiles et les technophobes, ceux qui acceptent tout des techniques et ceux qui les rejettent. Dans un premier temps, une majorité de personnes ne voient que les inconvénients de la nouveauté. Le téléviseur dans les années 1950 devait tuer la vie familiale. Cette exagération n'a pas eu lieu et si la vie familiale traditionnelle a été modifiée, c'est bien pour une multitude de raisons et non seulement à cause du téléviseur. Actuellement, on a la même réaction de crainte et de refus des OGM, du clonage, des cellules souches, des soins avec une nanotechnologie, de la thérapie génique, etc. Avant d'accepter un nouveau produit ou une nouvelle technique, il s'agit bien sûr de les comprendre, mais surtout d'en arriver à en contrôler l'usage. Cette opposition entre les pour et les contre se retrouvent dans l'œuvre d'Asimov : les Spaciens acceptent les robots au point qu'ils deviennent plus nombreux qu'eux-mêmes et les Terriens les refusent au point de les « assassiner » (Oups, détruire ou peut-être « robotiser », devrait-on dire). Pour libérer notre esprit du scénario catastrophique postapocalyptique, ses robots doivent avoir une conscience. Leur cerveau positronique répond aux 3 lois, une quatrième supplantant le collectif à l'individuel ne sera reprise que bien plus tard. Grâce à ces 3 lois, l'être humain est toujours protégé d'une machine, apparemment sournoise et prête à se rebeller contre son créateur, comme la créature de Victor Frankenstein.

Le refus est probablement basé d'abord sur la volonté qu'on les roboticiens de faire ressembler l'homme à l'être humain. Il s'agit bien sûr d'une minorité, la plupart des robots qui existent ou en projet ne sont que des machines avec une apparence de machines. On retrouve cet anthropomorphisme dans la conception même de la nature. L'homme, créature d'un dieu, ne peut que lui ressembler et s'approcher de sa perfection. Les autres êtres vivants ne sont que des créatures secondaires, subalternes, esclaves et irresponsables, car dénuées de volonté et de sentiments. D'ailleurs, les Terriens, chez Asimov, s'en prennent bien aux robots humanoïdes. L'auteur ne parle pas d'autres formes d'assistance mécanique au travail. Ce refus du robot est également engendré par l'usage qu'en font les humains. On a assisté à l'usage du nucléaire en 1945, alors qu'en soi le nucléaire est d'abord domestique et fournisseur d'électricité. Les erreurs humaines sont également source de problème, comme l'effondrement de la centrale de Fukushima suite à un tremblement de terre en 2011. Il semble que les précautions n'étaient pas suffisantes. Si on donne une apparence humaine au robot, et même une conscience, c'est qu'on veut qu'il lui ressemble, pour le meilleur, mais aussi pour le pire. On s'attend à ce qu'il se rebelle contre son créateur, contre toute autorité d'ailleurs, comme Prométhée s'est rebellé contre Zeus et les humains contre les dieux créateurs. Si cette ressemblance entre robot et humain atteignait les confins du raisonnement, pourquoi un robot obéirait-il à la première loi[22] ? Se profile derrière ce propos une crainte pour la fin de l'humanité, mais également pour la fin de la vie tout simplement. Il peut paraître étonnant que l'être humain soit si craintif quant à cette fin, alors que ses agissements actuels l'en rapprochent quasi inéluctablement.[23]

On pourrait résumer ces propos de crainte selon 3 arguments :

- La présence de robots rend probable une apocalypse semblable à celle du nucléaire possible.
- Les trois lois sont-elles suffisantes ?
- Si le robot se rapproche trop de l'humain, il pourrait le tromper et ignorer la première loi.

En fait, les humains ont surtout peur qu'en leur ressemblant, les robots n'adoptent leurs défauts et ne conduisent l'humanité à sa destruction. Ils préfèrent en quelque sorte rester les seuls acteurs dans cette destruction annoncée. C'est logique puisque l'être humain, à l'instar des dieux, est le seul capable de créer et donc de détruire. Mais, par ailleurs, sa conscience lui permet également de lutter, de retarder, d'annuler peut-être cet élan destructeur. Laurence Devillers imagine ainsi de prescrire pour les robots une nouvelle formulation des lois de la robotique qui iraient au-delà des lois classiques d'Asimov et pourraient s'énoncer ainsi :

- Tu ne divulgueras pas mes données à n'importe qui.
- Tu pourras oublier [quelque chose] si je te le demande.

---

[22] Pour rappel, « Un robot ne peut porter atteinte à un être humain ni, restant passif, laisser cet être humain exposé au danger. »

[23] Béland J.-P. (2012) *Vivre-ensemble avec des robots Qu'est-ce que la science-fiction d'Asimov nous raconte sur l'acceptabilité des impacts* ? In Béland J.P. et Legault G.A. (Dir.) Asimov et l'acceptabilité des robots. Presse de l'Université Laval.

- Tu apprendras et suivras les règles de la société.
- Tu seras loyal et capable d'expliquer tes décisions.
- Tu seras bienveillant et utile. Et pourquoi pas, doué d'un peu d'humour, ajoute-t-elle.

On voit bien qu'ici se profile l'image d'un robot ressemblant à l'être humain, non par son aspect, mais plutôt par le suivi de règles de vie sociale et donc de moralité. Cela passera par l'éducation des scientifiques et des journalistes, par l'explicitation de règles morales à implanter chez ces robots et rendre ces derniers capables de les apprendre en continu, à l'instar des commandements plus haut. Non seulement ces règles devront être édictées, mais il faudra aussi se doter d'outils qui soient capables de les vérifier. Enfin, on ne pourra pas couper aux règles juridiques, nécessaires en cas d'abus. Le robot du futur devra être social ou ne sera pas…[24]

[24] https://www.youtube.com/watch?v=oFAwD2pZuYw

PARTIE II :
MA VIE DE MAINTENANT
(2000-2020)

1. 2018

Ma vie se termine doucement. Même si je n'ai pas eu l'occasion de vivre avec des robots humanoïdes, j'ai pu assister aux prémisses d'une nouvelle aube de la vie sur la planète Terre, celle d'une cohabitation égalitaire entre l'inerte et le vivant. C'est bien de cela qu'il s'agit. Le vivant n'a jamais fait qu'utiliser l'inerte, le minéral, à son avantage, d'abord pour se nourrir. Ici, il s'agit bien de cohabitation avec des implications inouïes que nous allons découvrir progressivement.

En 2019, rien n'existe vraiment. On ne voit pas de robots déambuler dans les rues. Je n'ai pas chez moi un assistant domestique artificiel. Pourtant, au gré des informations, on a le sentiment que les robots sont au fond déjà autour de nous. Le langage courant fait entrer de très nombreux objets matériels ou immatériels, comme des logiciels de trading, d'opérations bancaires, de commerce en ligne, par exemple dans la catégorie du robot. La définition du robot est toujours débattue. Pour rappel, on a 3 caractéristiques : le robot est un objet matériel, capable de perception (grâce à des capteurs), de décision (grâce à des processeurs) et d'action (grâce à des moteurs). Cette définition communément admise ne règle pas tout. Un réfrigérateur, doté de ces mêmes fonctions de base (le thermomètre dans le rôle du capteur, le thermostat dans celui du décideur, et le compresseur dans celui de l'acteur), est-il un robot ? Pas vraiment et on ne considère pas notre frigo comme tel. Il n'y aurait en réalité un robot que là où l'environnement impose des paramètres complexes. Or le frigidaire n'agit pas sur l'extérieur, en tout cas directement. Une navette sans conducteur se déplace de façon linéaire et déterministe. Le pilote automatique n'a à considérer que des coordonnées, mais aussi les obstacles. Ici, cela commence à se compliquer. Ainsi, la définition du robot se jouerait plutôt dans une continuité de la complexité. Plus le milieu est ardu, plus la faculté de perception est mise à l'épreuve. Les choix possibles augmentent, tout comme l'éventail d'actions. Une navette automatique dans un tunnel d'aéroport ne serait pas un robot et une navette automatique en milieu urbain le serait. Cet exemple montre qu'on est encore loin d'un consensus sur la question.

Je n'ai pas non plus de robot aspirateur. Je pourrais, car cette corvée est particulièrement désagréable, répétitive et parfois source de douleurs au dos. Ce robot est le robot domestique le plus vendu au monde (Roomba de I-Robot). Il est même moins cher (moins de 300 euros en Belgique pour une machine de bas de gamme) que certains aspirateurs à traîner. Après mûre réflexion, je pourrais accepter d'être délesté de cette besogne. Moi-même et ma famille n'aurions pas grand-chose à craindre de lui. Cet engin correspond tout à fait à l'étymologie du mot, un esclave domestique obéissant qui me libère d'une corvée. Il sait éviter le vide, enregistrer des trajets, retourner se recharger. Des questions subsistent pourtant : comment montera-t-il les escaliers ? Comment passera-t-il sous les meubles ? Comment évitera-t-il d'aspirer un objet précieux ? Pourra-t-il changer de brosse en passant sur un tapis ? Bref, ces questions et lacunes dans la souplesse d'utilisation sont encore trop nombreuses. Je m'en passe donc.

Passer de l'aspirateur à un compagnon humanoïde capable de m'apprendre une langue, ou une technique informatique, il y a un monde. Plus le robot domestique s'éloigne de sa fonction d'esclave, plus son acceptation est difficile. Pourtant en tant que « domestique assistant », les fonctions espérées par les roboticiens actuels laissent rêveurs : aux robots domestiques capables d'aspirer ou de tondre, il faut ajouter les robots compassionnels (robots compagnons), les robots d'assistance aux personnes en perte d'autonomie, les robots éducatifs, les robots ludiques, les robots domestiques de surveillance, etc. Le frein est matériel (prix, encombrement, souplesse d'utilisation), mais surtout psychologique.

Le robot fait partie de notre monde depuis sa vulgarisation au cinéma et dans les romans voici une centaine d'années. On le montre parfois sous les traits d'un enfant robot adopté, induisant compassion, comme dans le film *A.I.* de Stephen Spielberg (2001), mais souvent comme dangereux comme *Sonny* dans *I, Robot* de Proyas (2004). Le plus souvent, leur automatisme fait plus peur que leur autonomie. Aujourd'hui, on craint moins une révolte de robots qu'une incapacité à réfléchir et délibérer, à choisir, malgré les 3 lois de la robotique qui seraient la base de leur programmation. Comme tout outil, cela dépend évidemment de son utilisateur : un drone peut gentiment vous apprendre une meilleure coordination oculomanuelle, à faire de jolies photos de votre maison, mais aussi vous aider à espionner vos voisins ou lâcher chez eux des objets divers plus ou moins inappropriés, voire empêcher des avions de décoller (ou d'atterrir).

Cette dimension psychologique rejoint une dimension culturelle. En Occident, la vie artificielle est réservée aux dieux depuis l'Antiquité : la vie a été créée au départ de quelques éléments minéraux, argile, eau, etc. En transgressant cet interdit, l'homme doit en subir les conséquences. Là où notre culture sépare dieu et l'homme, le corps et l'esprit, l'homme et la nature, l'artificiel et le naturel, la culture shintoïste japonaise[25] ne connaît que des continuités. Les robots y sont considérés comme des sauveurs de l'humanité et sont déjà bien en place dans le quotidien. La population âgée y augmente à un rythme sans précédent et la population active s'effondre. En 2025, le gouvernement estime qu'il manquera 370.000 soignants dans les maisons de retraite ou les hôpitaux. Il veut répondre à cette pénurie par la technologie plutôt que par l'immigration. Une foule de robots de soins a commencé à y travailler, à la fois pour aider les personnes âgées et à la fois pour soulager les aidants et les soignants. Par exemple,

---

[25] Pratique plus que religion, cette forme d'animisme considère comme divins aussi bien des forces de la nature que des animaux ou des hommes. Le respect des ancêtres et les sentiments de communion avec les forces de l'univers et les générations passées sont les bases spirituelles du shinto.

Paro, le phoque artificiel, avec sa peau en peluche et son regard doux, soulage l'anxiété de malades souffrant de la maladie d'Alzheimer. Tokyo est une mégalopole où l'intégration dans la société de systèmes robotisés innovants est permanente. Ce que l'on pouvait imaginer il y a encore quelque temps comme des faits de science-fiction est déjà une réalité dans la capitale nipponne. Depuis plusieurs années, des robots humanoïdes et androïdes investissent l'espace public comme la sphère privée. Parmi eux, le robot humanoïde *Pepper* de la société *SoftBanks Robotics* accueille, oriente et informe dans de nombreux hôtels, entreprises et grandes enseignes dans tout l'archipel. Cela va encore plus loin puisqu'y existent des magasins où on peut acheter des robots prêts à l'emploi ou en kit à monter soi-même et des pièces détachées. Des robots amusent les enfants dans des restaurants ou assurent une partie du service. On peut aussi tout simplement louer un robot portatif guide touristique (*Pepper*) à l'aéroport d'Haneda pour 12 € par jour. Vous y verrez également des manutentionnaires utiliser des exosquelettes.

Tout cela existe et préfigure un avenir proche, mais on est loin encore d'une généralisation. Il s'agit de prouesses techniques réservées aux grandes entreprises. Dans ma vie actuelle, cela n'a aucune emprise sur mon quotidien.

2. VERS UNE SOCIÉTÉ NUMÉRIQUE

Lorsque l'on parle de communication et de discussion, il ne faut pas non plus oublier la déferlante mode des forums et des blogs du début des années 2000. Qui n'a jamais eu une discussion sur un forum pour parler de sa série préférée ou alors qui n'a jamais tenu un blog à 13/14 ans ? Toutes ces plateformes sont aussi à leur manière des réseaux sociaux. Aujourd'hui il y a une vraie mode des blogs et à notre époque un blog ne va pas sans les médias sociaux. Il est désormais possible de se faire connaître grâce aux réseaux sociaux pour devenir un influenceur dans le monde digital. Certain(e)s blogueurs/blogueuses sont désormais les stars d'aujourd'hui. En bref, les médias sociaux sont devenus une des structures principales du monde de la communication. Que ce soit pour la communication d'une entreprise, d'une marque ou d'une célébrité. Aujourd'hui tout se fait, tout se sait et tout se crée sur les réseaux sociaux.

2.1. Internet et le Web 2.0

Internet, c'est en 2018, 4,12 milliards d'internautes, soit 54 % de la population mondiale (+ 8 % entre juillet 2017 et juillet 2018), 3,36 milliards d'inscrits sur les réseaux sociaux, soit 44 % de la population mondiale (+ 11 % entre juillet 2017 et juillet 2018). Le taux de pénétration d'Internet dans le Monde est de :

- 73 % en Amérique (+ 3 % entre janvier 2017 et janvier 2018) ;
- 80 % en Europe (+ 6 % entre janvier 2017 et janvier 2018) ;
- 34 % en Afrique (+ 20 % entre janvier 2017 et janvier 2018) ;
- 48 % en Asie du Sud (+ 5 % entre janvier 2017 et 2018).

Internet, c'est l'accès au Web (« toile » ou « réseau »), l'accès à tous les savoirs. Internet est le réseau informatique mondial, une sorte d'infrastructure globale, basée sur le protocole IP, et sur laquelle s'appuient de nombreux autres services, dont le Web. Le World Wide Web (www) est le système qui nous permet de naviguer de page en page en cliquant sur des liens grâce à un navigateur. Depuis 2004, le Web 2.0 est devenu la norme, où chacun façonne l'information et ne la subit pas seulement.

« Le Web 2.0 repose sur un ensemble de modèles de conception comme des systèmes architecturaux plus intelligents qui permettent aux gens de les utiliser, des modèles d'affaires légers qui rendent possibles la syndication et la coopération des données et des services. Le Web 2.0 c'est le moment où les gens réalisent que ce n'est pas le logiciel qui fait le Web, mais les services. » (Tim O'Reilly[26].)

[26] https://www.oreilly.com/pub/a/web2/archive/what-is-web-20.html

Voici comment il compare les deux systèmes :

Web 1.0	Web 2.0	
DoubleClic	Google AdSense	Régie publicitaire
Ofoto	Flickr	Partage de photos
Akama	BitTorrent	Transfert de données
mp3.com	Napster	Magasin de musique en ligne
Britannica Online	Wikipedia	Encyclopédie
Personal websites	Blogging	Publication périodique
Evite	Upcoming.org and EVDB	Partage avec des amis d'événements
Domain name speculation	Search engine optimization	Optimisation pour les moteurs de recherche
Page views	Cost per click	Montant payé à un annonceur
Screen scraping	Web services	Protocole d'interface pour la communication
Publishing	Participation	Implication personnelle
Content management systems	wikis	Création, modification illustration dans un site
Directories (taxonomy)	Tagging ("folksonomy")	Mot-clé ou caractéristiques de l'objet permettant des regroupements
Stickiness	Syndication	Vente de droit de reproduire ou diffuser
Netscape	Google	Navigateur

Tableau N° 2 : Comparaison du Web 1.0 et du Web 2.0 d'après O'Reilly.

Dorénavant, l'utilisateur devient actif sur la toile et apporte autant l'information qu'il la reçoit, fût-elle personnelle et anecdotique.

2.2. Les réseaux sociaux

On pense ici immédiatement à *Facebook* et ses milliards d'affiliés. Le réseau social lancé en 2004 a cependant perdu 3 millions d'utilisateurs européens quotidiens au deuxième trimestre 2018 et a stabilisé le nombre d'utilisateurs américains à 185 millions. On reste malgré tout à 1,47 milliard de connexions quotidiennes dans le monde, tous supports confondus. Suite à différents scandales récents et au piratage de leurs données, il semble bien que *Facebook* soit en perte de vitesse, surtout aux États-Unis. L'étude de Pew Research montre que 54 % des Américains inscrits sur Facebook ont effectué des ajustements de confidentialité sur leur compte. Une manoeuvre qui vise à rendre leurs comptes moins accessibles, et donc à protéger leurs données dans une moindre mesure. 42 % des sondés ont également répondu avoir fait une pause de Facebook au cours de l'année. Enfin, au moins 26 % des utilisateurs ont tout simplement supprimé l'application de leur smartphone. Au total, c'est donc 74 % des Américains qui ont effectué une action visant à réduire leur utilisation de *Facebook* au cours des 12 derniers mois (2017-2018).

Outre les accusations d'ingérence dans les dernières élections américaines et d'avoir ainsi favorisé l'élection du 45e Président, *Facebook* s'est illustré ces derniers mois par des bévues impardonnables pour ses utilisateurs. Tout le monde a encore en tête le scandale *Cambridge Analytica*, qui aura au moins eu le mérite d'administrer une piqûre de rappel à l'ensemble des internautes concernant la fragilité de leur vie privée sur le Web. Plus récemment encore, *Facebook* se retrouve en fâcheuse posture dans le génocide des Rohyngia, en Birmanie. Les utilisateurs affiliés au mouvement bouddhiste ultra-nationaliste Ma Ba Tha n'ont été bannis du réseau social que tardivement. Selon des investigateurs missionnés par les Nations Unies, Facebook aurait servi de vecteur principal à la propagation du discours de haine à l'encontre de la communauté musulmane. Dans tous ces cas, même si ce n'est pas une volonté délibérée du réseau et malgré des excuses tardives de son patron, cela a mis à mal son image.

L'exhibitionnisme et le voyeurisme propres à la pratique des réseaux sociaux en ligne feraient-ils moins recette ? Scruter la vie de gens et s'exposer à toutes heures et à n'importe quelle occasion, tout cela perdrait-il de l'intérêt ? Ce type de réseau social est avant tout l'occasion de colporter des ragots et on connaît la fin malheureuse de quelques adolescent(e)s victimes de harcèlement. En plus existe le risque d'une manipulation à grande échelle par les agences de marketing et de gestion d'images (Spotify, Royal Bank of Canada, Netflix, etc.).

L'alternative à *Facebook* est quasi prête. Ce sera probablement *Google-Utube-Hangout.* Apple est passé maître dans les émoticons et il suffirait de développement un nouveau type de messagerie. Amazone et Alexa sont également sur les rangs. Dans des domaines moins spectaculaires, l'intérêt de *NextDoor* est de créer des liens au sein d'un quartier, entre voisins, et revenir à l'utilité du social. Finis les grands groupes remplis d'annonces sur *Facebook.* Là, vous cherchez ce dont vous avez besoin dans vos alentours. Plutôt que de rassembler les gens par quartier, ce qui peut s'avérer difficile si vous ne vous entendez pas avec certaines personnes, *Amino Apps* propose aux personnes de se réunir à travers leurs intérêts. *Raftr* est probablement le plus fun.

Il existe aussi dès le début des années 2000 d'autres réseaux sociaux. En mai 2003 le site *LinkedIn* est lancé sur Internet. Ce service en ligne catégorise, tel un CV, vos compétences, formations et expériences professionnelles pour vous créer un réseau de connaissances qui peut vous faire avancer dans le monde professionnel. *Twitter* aurait été l'idée de Jack Dorsey en 2006. Il a été créé pour permettre à ses utilisateurs de dire tout ce que l'on fait et où on est en 140 caractères maximum. On connaît des illustres utilisateurs de ces fameux tweets. Aujourd'hui *Twitter* est l'un des piliers des réseaux sociaux puisqu'il compte environ 300 millions d'utilisateurs actifs et plus de 500 millions de tweets sont envoyés chaque jour partout dans le monde. En 2010 débarque le réseau social *Instagram* spécialisé dans le partage de photos et de vidéos, comme *Snapchat* dès 2011.

Tout est média social à partir du moment ou il y a du partage et de la communication entre utilisateurs. Les blogs et *YouTube* en sont les meilleurs exemples.

2.3. Une alternative Colibris

Les Colibris, ce sont tous ces individus qui inventent, expérimentent et coopèrent concrètement, pour bâtir des modèles de vie en commun, respectueux de la nature et de l'être humain.[27]

En termes de services libres, on y retrouve :

- des pads pour écrire des documents à plusieurs simultanément - alternative aux google doc ;
- un outil pour faire des visioconférences en petit groupe - alternative à skype ;
- un outil de prise de décision, pour choisir une date ou réaliser un sondage personnalisé : chacun donne son avis et le choix le plus populaire est mis en avant - alternative aux doodle ;
- un outil de bavardage en équipe, pour éviter l'abondance de mails : on centralise les informations dans un salon de tchat, avec la possibilité de créer des canaux sur des sujets spécifiques - alternative à slack ;
- une ferme à Wikis où chacun peut créer un site collaboratif pour son projet

L'orientation est ici franchement écologique et communautaire et suppose une présence physique rapprochée. On est loin d'un réseau mondial, mais paraît préfigurer ici une alternative complémentaire à un réseau mondial impersonnel.

2.4. Commerce en ligne

C'est à partir de la mise en place du paiement sécurisé en ligne que l'histoire des sites e-commerce comme nous les percevons aujourd'hui a pu réellement commencer (notamment PayPal en 1998). Les premières transactions sécurisées datent de 1994. À

[27] https://www.colibris-lemouvement.org

la fin des années 1990, il fallait avoir une grande confiance intuitive dans le Net pour oser donner le code de sa carte de crédit ou de banque. Amazon, Ebay et Dell ouvrent leur site en 1995. L'e-commerce connaîtra un succès sans cesse croissant. Mes premiers achats concernaient des livres. C'est un peu paradoxal pour un bibliophile ayant l'habitude depuis mon adolescence de faire des kilomètres à pied pour aller acheter des livres d'occasion dans des boutiques spécialisées. La démarche de faire des efforts pour aller vers un produit ne m'a donc jamais rebuté. Et pourtant, l'achat en ligne est devenu pour moi une affaire courante. Cela concerne des livres, des produits spécialisés, des voyages, des billets d'avion, etc. Il y a bien sûr des avantages reconnus :

- Le gain de temps : fini les déplacements parfois longs, les problèmes de parking, l'incertitude de trouver ce que l'on cherche sinon en téléphonant (autre démarche).
- On peut passer commande à n'importe quelle heure.
- Sur le Net, on peut comparer les produits et avoir des indications assez importantes sur les qualités des produits.
- Il n'y a aucune contrainte géographique. Si je veux une bouteille de whisky particulière qui n'est pas vendue en Belgique, je peux me la faire envoyer d'Edinburgh et elle arrive en 2 jours à ma porte.
- Je ne dois pas me déplacer puisque la commande m'est livrée à domicile ou au bureau de poste voisin.

Ces avantages ne sont pas négligeables et font gagner un temps dit précieux. Nous revenons une nouvelle fois sur cette notion de temps épargné, de temps précieux, de loisirs augmentés. Cela a déjà été évoqué et nous y reviendrons dans l'analyse finale.

2.5. L'e-mobilité

J'ai connu les voitures sans vitres électriques, sans allumage électronique. On prenait le bus ou le tram, parfois le train à vapeur et, surtout, on marchait. Les années 2000 ont consacré l'automobile et on retrouve un véhicule pour 2 habitants dans la plupart des pays riches, parfois plus. C'est un bout de maison qu'on déplace et on assiste à de moins en moins de fairplay et de plus en plus d'agressivité au volant. Le transport public était bondé, mais suffisamment fréquent. Dans beaucoup d'endroits, sauf aux heures scolaires, les bus ne sont plus bondés à l'heure actuelle.

J'avais vu le 5e élément en 1997, et j'imaginais déjà ces voitures volantes dans notre ciel. Le premier drone (faux-bourdon), au sens strict, un appareil volant sans pilote, date pourtant du début du siècle passé. Mais leur miniaturisation, leur souplesse d'utilisation et la chute de leur prix datent de ces dernières années. Qui n'a pas vu un drone dans son jardin, possédé le sien propre ou manipulé celui d'un voisin. Un projet chinois de drone taxi a dépassé le stade expérimental. Il pèse 210 kg, dispose de 28 minutes d'autonomie et peut atteindre une vitesse maximale de 130 km/h. Il suffit de programmer la destination, de pousser sur décollage et ce drone taxi s'autopilote. Trente appareils sont déjà vendus, 300 autres commandés, au prix de 200.000 euros l'unité. Les Chinois ne sont pas les seuls à s'être lancés dans l'aventure. Airbus, Boeing ou Intel ont aussi lancé leur prototype de taxi drone ou de voiture-volante. Mais on est encore loin d'avoir une technologie aboutie, notamment au niveau des batteries. Le potentiel est énorme, mais le développement n'est pas encore au point. D'autant que ces appareils demandent, pour certains, une piste de décollage et une législation, qui pour l'instant, n'est pas adaptée. Si la technologie évolue, la réglementation devra probablement s'adapter, cela peut prendre du temps. Rien que pour les drones classiques, il a fallu plus de 5 ans pour arriver à une législation en Belgique. On est donc encore loin de prendre son envol pour éviter notamment des embouteillages terrestres.[28]

En attendant, nous continuons à marcher, à utiliser des voitures personnelles de plus en plus perfectionnées, mais de plus en plus chères à l'achat et à l'usage.

---

[28] RTBF info du 15 avril 2018.

2.6. Assistants de vie

Les personnes âgées représentent actuellement environ 25 % de la population nippone et 40 % en 2060.[29] D'ici 2020, la France comptera 24 millions de personnes âgées de plus de 65 ans et 5 millions de plus de 85 ans. Le vieillissement de la population mondiale est inéluctable, parallèle à la surpopulation générale et aux progrès techniques et médicaux devenus accessibles presque partout et à tout moment grâce aux technologies de l'information. La 5G permet dorénavant une chirurgie fine à distance, le chirurgien ayant son double robotisé à des milliers de kilomètres. Ce nouveau standard ultrarapide pour la téléphonie mobile permet une vitesse accrue, l'augmentation du nombre d'appareils pouvant se connecter au réseau, mais aussi et surtout un temps de latence réduit. Les interactions éclair sont désormais possibles dans le cas d'opérations à distance, grâce à des temps de réponse similaires à ceux que l'être humain rencontre dans la vraie vie. En effet, lorsqu'une personne touche un objet, elle se rend immédiatement compte si celui-ci est chaud ou froid, doux ou rugueux. Le temps de réponse de ses sens est de l'ordre des 10 millisecondes. Avec la 5G, nous parvenons à obtenir des résultats similaires lorsqu'un individu interagit avec un objet à distance, ce qui rend les opérations numériques bien plus naturelles qu'auparavant et les rapproche du réel.

En France, la firme *RoboCARE Lab* s'est spécialisée dans ce type d'assistance aux personnes âgées. *SAM* est un robot simple, constitué d'un écran sur roulettes mobiles. Il suit la personne dans ses déplacements et peut réagir en cas de chute, non seulement en alertant des sociétés de télévigilence, mais aussi en donnant une vision de la scène. Une connexion visuelle avec des personnes à distances est également possible. D'autres, plus sophistiqués (*HSR* de Toyota), peuvent saisir des objets et les apporter au malade ou à la personne grabataire.

---

[29] Voir à ce sujet les prospectives de l'OMS : http://www.who.int/ageing/about/facts/fr/

2.7. Les loisirs et le quotidien

Les robots jouets existent toujours et ont la même apparence globale qu'il y a 50 ans. Ils ont gagné en connectivité, en degrés de liberté et donc de capacités d'agir et d'interagir avec l'environnement, y compris l'enfant. Certains ont acquis une intelligence artificielle qui leur permet d'apprendre et d'évoluer dans une certaine mesure et de communiquer.[30] Ils ont pris la forme de robots classiques, mais aussi d'animaux familiers.

La domotique ne cesse de progresser pour le contrôle des énergies dans une habitation, pour la sécurité et l'aide à la vie quotidienne (laveur de piscines, tondeuse, laveur de vitres, laveurs de sols). Les animaux de compagnie ne sont pas oubliés, avec des GPS portatifs et des distributeurs de nourriture. Au-delà de cette avancée technologique dans des maisons onéreuses, faut-il dire, c'est la personne porteuse de déficiences qui en sort potentiellement la grande gagnante.

Les robots se mettent en scène dans des spectacles, y compris de rue.[31] La compagnie La Machine réinvente ou invente depuis le début des années 2000 les interactions homme/machine dans toute une série d'innovations :

- La restauration de qualité s'accompagne d'un service par des machines.
- Le spectacle de rue, *Le Gardien du Temple*, est un mythe en quatre actes dans le centre-ville de Toulouse, du 9 au 11 novembre 2018.
- Une serre volante présente des découvertes en matière de phytovoltaïsme.
- Un concert avec orchestre classique, 50 machines à musique, des machinistes mélomanes pour une expérience sonore et visuelle à 360°.
- L'araignée géante notamment, où les manipulateurs, les engins, les animaux, les musiciens se croisent, s'affrontent et

[30] https://www.bestofrobots.fr/robot-loisir/robots-jouets.html
[31] www.lamachine.fr

s'accordent pour créer des images transformant un rapport à la cité modifié.
- L'affrontement de machines dans un conte métamorphosé de création et destruction de l'univers.

Les robots jouets ressemblent de plus en plus aux êtres et aux objets de notre quotidien. Ils ont pris maintes apparences, y compris pour des spectacles.

3. LES NOUVEAUX ROBOTS

On peut distinguer plusieurs formes de créatures artificielles dont certaines cherchent à reproduire une forme animale et d'autres une forme humaine, les androïdes. Une première approche consiste à distinguer celles qui sont réalisées sous une forme matérielle et celles, qualifiées de virtuelles, qui existent seulement dans la mémoire des ordinateurs.

Pour rappel, les formes matérielles sont au nombre de six :
- *Les statues vivantes* sont les plus anciennes tentatives pour reproduire artificiellement l'être humain. Des statues animées égyptiennes aux marbres grecs antiques, elles ont considérablement influencé l'histoire des créatures artificielles.
- Avec l'avènement de la mécanique horlogère, les *automates* sont devenus le modèle du vivant. Débarrassés de la nécessité d'un intermédiaire humain pour se mouvoir, leurs comportements sont restés néanmoins limités à des séquences immuables jusqu'au début du XXe siècle.
- Les *robots* ont naturellement succédé aux automates. Contrairement à ces derniers, ils sont capables d'interagir avec l'environnement et d'adapter leurs « comportements ».
- Le *mecha* (contraction de mechanical) représente une forme d'androïde spécifique au Japon et en Corée, mais on commence à les voir ailleurs. Il s'agit dans la plupart des cas d'une sorte d'armure géante contrôlée par un humain qui se trouve à l'intérieur (exosquelette).

- Les *cyborgs* représentent une autre forme hybride contemporaine qui mêle intimement l'organique et la machine. Il peut s'agir d'un robot auquel a été adjointe une enveloppe organique ou bien d'un homme réparé ou augmenté grâce à des prothèses technologiques.
- Les *clones* correspondent aux êtres organiques reproduits par clonages et éventuellement modifiés génétiquement.

Les formes virtuelles sont, quant à elles, au nombre de trois :
- Les *intelligences artificielles* (IA) sont les plus anciennes formes de créatures virtuelles. Ce sont des entités algorithmiques autonomes capables de reproduire certaines des fonctions essentielles du cerveau humain : raisonnement, calcul, apprentissage, mémoire, émotions, etc.
- Les *avatars* correspondent aux représentations graphiques des créatures virtuelles ou réelles. Ils vont de la simple icône en deux dimensions aux humains virtuels hyperréalistes en trois dimensions.
- Les *ghosts* (ou fantômes numériques) sont des entités algorithmiques ou des structures mémorielles qui rassemblent les traces numériques et les souvenirs d'un être vivant qu'il soit vivant ou décédé.

À ce niveau, sciences et imaginaire font bon ménage et il est souvent très difficile de faire la part de ce qui relève de l'impossible et du possible, de l'improbable et du probable. Dans l'imaginaire tout est effectivement possible. Les romans spécialisés, les films à grand spectacle explorent les horizons de notre futur avec une créativité débridée. On ne peut nier l'importance de cet imaginaire dans nos laboratoires d'idées, en mettant en scène la cohérence d'univers fictifs ou en pointant les dérives possibles de certaines pratiques. Il ne faut cependant pas prendre pour argent comptant ce que nous dépeignent ces divertissements, aussi spectaculaires soient-ils. La réalité est bien plus contraignante. La création d'artéfacts technologiques est en effet soumise à de multiples limitations qui délimitent le champ des possibles : les lois de la physique, nos connaissances et les technologies disponibles, l'intérêt pratique et le coût financier, sans oublier l'acceptabilité sociale et l'éthique. Par exemple, les voitures volantes ne sont plus de la science-fiction, mais les voitures réelles en nombre resteront encore longtemps clouées au sol au grand dam des automobilistes coincés dans un embouteillage.[32]

Attardons-nous sur quelques exemples dans les domaines du numérique et de la robotique.

3.1. Le numérique et le handicap

Je n'ai jamais rien vu dans mon environnement privé ou professionnel à ce sujet. Ce n'est qu'à la télévision ou dans des magazines scientifiques que j'ai vu interagir robots et personnes en situation de handicap :

- Au Japon de jeunes phoques blancs robotisés servent de peluches à des personnes très âgées ou démentes.
- Des robots rejoignent le domicile des plus âgés pour suivre leur activité quotidienne, prévenir l'entourage en cas de chute ou d'incident et enregistrer des informations sur leur état de santé. Citons *SAM*, robot dit de téléprésence fondé par la start-up américaine *Luvozo*, qui détecte d'éventuels obstacles grâce à des capteurs et à un logiciel spécifique.
- *Nao*, robot humanoïde développé par *Aldebaran Robotics* est expérimenté à Nantes auprès d'enfants autistes. Idem pour *Leka*.
- *Wandercraft* a conçu un dispositif d'attelles robotisées, un exosquelette permet aux personnes avec paraplégie en fauteuil roulant de remarcher.
- *Obi* donne à manger aux personnes souffrant de troubles moteurs. Il est conçu pour apporter la nourriture de l'assiette à la bouche de la personne.
- La communication pour tétraplégiques ne pouvant parler est facilitée par un ordinateur où l'œil remplace la souris. Cela existait déjà avant les années 2000, mais la finesse, la rapidité

[32] De nombreux prototypes existent, tchèque, canadien, américain et surtout chinois, qui ont dépassé le stade des essais concluants : https://fr.sputniknews.com/international/201807151037216388-automobile-avion-voitures-volantes/

et la qualité se sont améliorées. Mais on n'est pas ici dans le domaine spécifique aux robots.

3.2. L'e-learning

Dans le domaine de l'enseignement, je n'ai jamais non plus rencontré de robot professeur. Cela ne veut pas dire que des domaines connexes numériques n'ont pas permis des aménagements spécifiques et nouveaux.

Depuis quelques années, on assiste à l'installation de classes numériques (ou classes inversées ou *flipped learning*) dans des classes. Le point de départ réel commence en 2004 quand un professeur de mathématiques américain poste sur YouTube des explications de concepts mathématiques pour sa famille. Ce fut un succès mondial. Au départ, cela consiste à inverser le concept traditionnel de la classe. Il s'agit d'une façon d'organiser différemment le temps de travail à l'école : la partie magistrale du cours est dispensée en utilisant les TICE[33] (capsules vidéos, lectures personnelles, visites virtuelles, podcast, etc.). Les découvertes et les apprentissages se font hors de la classe, au rythme de l'élève alors que le temps de classe est consacré aux activités d'apprentissage, aux débats et aux discussions. Le matériel minimal pour les élèves est un ordinateur ou une tablette connectés à internet. Pour l'enseignant, le même matériel est à prévoir en y ajoutant une caméra afin de pouvoir se filmer. Le but final est de produire des capsules correspondant à ses besoins. C'est un confort supplémentaire si la classe est pourvue d'un ordinateur et d'un tableau blanc interactif. Le tableau interactif permettant l'enregistrement et la diffusion des capsules. D'autres modalités sont essentielles. Car pour que la méthode de la classe inversée fonctionne, il faut une préparation structurée en amont, une pédagogie adaptée. Un des buts de cette méthode est d'accompagner chaque élève individuellement, y compris à domicile, là où certains ne reçoivent aucune aide. Le film des leçons les accompagne partout. Cette technique fait partie des

[33] TICE : technologie de l'information et de la communication appliquée à l'enseignement.

pédagogies actives où l'élève apprend d'une façon fort autonome, en étant acteur de ses apprentissages. Ce qui distingue cette méthode de celles de Freinet, Decroly ou encore Montesorry, c'est bien sûr l'usage de nouvelles technologies. Voici un tableau récapitulant les caractéristiques de ce type d'enseignement[34] :

C'est	**Ce n'est pas**
Un amplificateur d'interactions et de contacts personnalisés entre les élèves et les enseignants.	Une méthode où l'enseignant est remplacé par des vidéos.
Une méthode où l'enseignant est un accompagnateur attentif qui peut pratiquer efficacement la différenciation.	Une méthode où le savoir est transmis uniquement via des capsules en ligne.
Une méthode permettant une approche constructiviste ou socioconstructiviste. C'est aux apprenants qu'il revient d'apprendre, mais on n'apprend pas tout seul.	Un cours en ligne à distance.
Un moyen de ne pas laisser des élèves « en arrière » s'ils sont absents pour des raisons de maladie ou d'activités diverses (sportives, culturelles,…).	Un cours où les activités ne sont pas structurées et où les élèves font tout et n'importe quoi
Une méthode où l'espace-temps n'existe plus, car les contenus sont accessibles tout le temps, partout tant pour les révisions, les examens, la remédiation.	Une méthode où les apprenants passent leur temps de classe devant un écran
Une classe où l'apprenant est d'avantage engagé dans son apprentissage. L'élève n'est plus un objet, mais le sujet de son apprentissage.	Une méthode où le travail serait facteur d'isolement, où les élèves travailleraient seuls derrière leurs écrans

[34] Dossier dans www.enseignement.be

Un lieu où l'élève peut recevoir un accompagnement personnalisé.	Une méthode qui est une version numérisée de cours *ex cathedra.*
La méthode est différente et repensée autrement. L'enseignant n'est pas dépouillé de son statut d'expert.	Une méthode où l'enseignant est désinvesti de sa fonction.
La répétition crée l'ennui et le désintérêt. Il faut varier les modes d'apprentissage.	Une méthode qui oblige à donner tous les cours, toute l'année, tout le temps avec cette méthode.

Tableau N°3 : L'*e-learning.*

Ici non plus, ces progrès ne sont pas du domaine spécifique des robots, mais plutôt du numérique qui l'accompagne.

3.3. Le cyborg (cybernetic organism)

On entre ici dans le monde du numérique fusionné à l'organique.

Le cyborg ne doit pas être confondu avec un robot aux apparences humaines, comme dans le film *Terminator*. Nous connaissons tous depuis longtemps ces humains améliorés par des prothèses. Chacun connaît en effet Oscar Pitorius, cet athlète amputé, dont les jambes sont remplacées par des prothèses en carbone. Cela lui permet de courir au niveau des meilleurs athlètes des J.O. Une personne ayant un stimulateur cardiaque ou une hanche artificielle, par exemple, peut aussi correspondre à cette définition. Ce n'est pas très clair, mais il semble que pour être considéré comme cyborg, il faut à la fois :

- qu'il y ait greffe ou fusion, c'est-à-dire que les parties artificielles fassent partie du corps vivant (humains, mais pas seulement) ;
- que cette greffe améliore les capacités antérieures.

Ainsi, une prothèse auditive externe ne vous donne pas le statut de cyborg, mais bien un implant cochléaire.

Le cyborg est hybride, à la différence du robot qui lui est entièrement artificiel. C'est un être autonome, mixte d'humain et de mécanique, symbole de cette indifférenciation entre l'homme et la machine qui hante notre imaginaire. Notre inquiétude porte sur cette capacité des humains à devenir des machines. La technicisation accélérée du corps, par la multiplication des prothèses mécaniques, chimiques ou génétiques, par l'impact des technologies de communication ou de reproduction sur le développement même de notre corps et de notre psychisme (déformations, stress, maladies), multiplie questions et défis qui conduisent certains à prophétiser la fin de la différence homme/machine.

Dans ce domaine, le livre de Donna Haraway est devenu un texte mythique : le *Manifeste cyborg* (1984). C'est un véritable plaidoyer féministe, qui défend en même temps l'idée que l'être humain peut évoluer et devenir cet homme-machine. Cette nouvelle entité, à l'extrême, pourrait alors construire leur propre groupe d'appartenance par choix, et les groupes d'affinités communes seraient en mesure de construire un postmodernisme de l'identité, de l'altérité, de la différence et de la spécificité. Cela constituerait un moyen de contrer les traditions occidentales d'identification exclusive, sources de racisme et de misogynie.[35]

Quand on a une prothèse de hanche ou de genou, notre identité change peu et on ne se pose guère de questions. Si on commence à remplacer plusieurs organes et membres, ce problème va survenir immanquablement, comme dans le feuilleton *L'homme qui valait trois milliards* (1974). On n'est plus tout à fait dans la science-fiction puisqu'en 2004, Neill Harbisson a reçu une greffe frontale lui permettant de voir les couleurs. Le gouvernement britannique l'a autorisé à porter son appareil sur sa photo d'identité, reconnaissant de la sorte que sa greffe technologique faisait partie intégrante de son identité.

---

[35] Haraway D., (2007) *Manifeste cyborg et autres essais*. Sciences, fictions, féminismes. Paris : Exils.

La réflexion va dans le même sens pour les *pacemakers*, et surtout les puces électroniques implantées pour entrer dans une boîte de nuit ou sur son lieu de travail. En fin 2018, 4.000 Suédois ont une puce RFID (identification par radio fréquence) implantée. Cela permet notamment de :

- payer sans utiliser de carte bancaire ;
- ouvrir des portes de voiture ou de maison ;
- voyager sans billet de train ;
- allumer son smartphone ou son ordinateur ;
- enregistrer sa carte d'identité ou cartes de visite ;
- relier son profil issu d'un réseau social.

3.4. Les humanoïdes

Il s'agit de robots de forme humaine, actuellement assez grossière. Le plus connu, en tout cas le plus vu dans les médias, est probablement *Asimo* (*Advanced Step In Innovative Mobility*) de Honda. La conception de ce robot est tournée vers un but utile. Il peut venir en aide aux personnes à mobilité réduite, âgées ou encore malades. Il est conçu pour effectuer des tâches dangereuses pour les humains. Il pourrait aller dans des milieux hostiles à l'homme. L'une des principales nouveautés technologiques de ce robot est le fait qu'il est capable de modifier sa trajectoire tout en marchant, à l'inverse des robots d'anciennes générations qui étaient contraints de stopper leur mouvement avant d'effectuer une rotation sur place. Il lui est possible de détecter les mouvements des objets, ainsi que leur trajectoire. Il est aussi capable de monter et descendre des escaliers, reconnaître des visages, comprendre la parole humaine, étudier son environnement et garder son équilibre sur des surfaces mobiles ou encore danser.

Les androïdes (aspect masculin) et gynoïdes (aspect féminin) ont également une forme humaine, mais bien plus fine et sont censés ressembler aux êtres humains. La forme féminine est prépondérante et on en retrouve comme hôtesse dans des lieux publics, ou comme présentatrice à la télévision (Erica). Ercica a une mobilité faciale et une texture de peau et des cheveux lui donnant une apparence fort humaine, mais, actuellement, elle n'a pas de mobilité des membres. Il semble que le marché de gynoïdes le plus développé est celui des poupées sexuelles. Il est assez simple d'équiper une poupée de quelques équipements électroniques pour qu'elle réagisse légèrement aux actions de l'utilisateur.

La plus grande ressemblance entre humain et robot se retrouve probablement chez *Sophia* de *Hanson's Robotics*. Son visage est constitué d'une matière se rapprochant de la peau humaine, même au toucher. Cette machine peut vous regarder dans les yeux et disposerait de sa propre « personnalité ». De plus, elle se souvient de chaque personne qu'elle rencontre. Elle est capable d'expressions faciales naturelles. Elle a des caméras dans les yeux et possède des algorithmes qui lui permettent de distinguer les visages et expressions faciales. Elle peut aussi comprendre les dialogues et se souvenir des interactions. Ça lui permettrait de devenir plus intelligente avec le temps. Le but est de la rendre ainsi consciente et créative, disent ses concepteurs. La machine est équipée d'un *Character engine AI*, un moteur de personnalité. L'objectif de David Hanson est de faire en sorte que les humains puissent entretenir des relations émotionnelles plus fortes avec ce genre de robot. Il pense que, plus tard, il sera très difficile de distinguer les humains des robots, bien qu'il précise souhaiter que cette distinction reste toujours possible.

3.5. Les exosquelettes

La première fois que j'en ai entendu parler, c'est dans le second film de la série Alien (*Alien, le retour*, 1986) où Ripley, enfermée dans un exosquelette rouge qui décuple ses forces, lutte contre une créature. Ces dernières années, ils sont devenus réalité. Une firme comme *Fox Innovation Robots* ou *Panasonic* en vend régulièrement. Honda a commencé le leasing de ses exosquelettes. Il s'agit de harnais qui épousent la forme du haut du corps et dont les articulations sont assistées par des moteurs. Cela permet à tout individu harnaché de soulever ou déplacer, sans effort ou douleur ou risque, des objets très lourds. Certains ne concernent qu'un bras ou les deux, d'autres le dos, d'autres encore les jambes. Parfois, il s'agit du corps entier et, comme l'héroïne d'Alien, l'individu se retrouve à l'intérieur à piloter un engin qui a des bras et des jambes et qui lui permet de déplacer des charges de plus de 100 Kg.

Le second enjeu majeur de ces exosquelettes concerne les personnes porteuses de déficiences (paraplégie, par exemple). De très nombreuses firmes dans de nombreux pays proposent des prothèses de marche robotisées (Rewalk, Ekso, Atalante, wandercraft...) dont certaines sont commandées par la pensée (Mindwalker).

4. NOUVELLES QUALITÉS, NOUVEAUX POUVOIRS

Les robots vont avoir des impacts sociétaux énormes, mais pas forcément dans les directions que l'on imagine. Ainsi, les robots humanoïdes, dont on parle beaucoup, ne seront pas présents dans notre quotidien avant un moment, car il existe de multiples défis à relever. En revanche, les objets robotisés sont déjà omniprésents : voitures, appareils domestiques communicants... On ne parle pas de robots dans leur cas, alors que nous sommes bien dans le même domaine.

Il existe mille et un robots. Il est donc difficile de réfléchir de façon générale. Sur des tâches bien spécifiques, beaucoup de progrès ont été faits, les méthodes sont désormais éprouvées et les robots acceptés - qu'il s'agisse pour eux de tondre la pelouse, d'aspirer la poussière, de se voir assigner des tâches de surveillance ou même d'apporter des plateaux repas dans les hôpitaux. Pour d'autres applications, les défis sont à la fois techniques, culturels et sociétaux. Accompagner une personne en difficulté avec un robot soulève de multiples problèmes, à commencer par la sécurité de la personne à ses côtés. L'assistance à domicile s'avère encore plus compliquée, car il n'existe pas deux maisons identiques. Une telle machine devra en outre être capable d'interpréter la volonté de l'humain, donc de bien comprendre le langage naturel.

Dans le futur, les robots vont trouver de nouvelles solutions à des problèmes et ainsi créer de nouveaux objets pour lesquels se posera la question de la propriété intellectuelle. Cela pourrait soulever des questions intéressantes quant aux limites du système actuel de propriété intellectuelle. Est-ce que les objets, codes logiciels créés de manière autonome par un robot peuvent prétendre à la protection par la propriété intellectuelle ? Si oui, de quelle manière ? Et à qui reviendraient ces droits de propriété intellectuelle ? Au fabricant, à l'utilisateur du robot, au robot lui-même ? Ce dernier trait n'est pas humoristique puisque Sophia, une gynoïde, est devenue citoyenne d'Arabie saoudite en 2017 !

Certains pays, par exemple le Japon et la République de Corée, envisagent réellement d'étendre les droits aux machines. En Nouvelle-Zélande, les œuvres originales, même si elles ont été créées par un logiciel, un robot ou un système d'intelligence artificielle, pourraient prétendre à une protection. Cependant, ces œuvres n'appartiendraient pas au robot ou au système d'intelligence artificielle, mais aux personnes qui ont créé ou utilisé le robot ou le système à l'origine de l'œuvre. Par contre, dans d'autres ressorts juridiques, comme aux États-Unis, il semble peu probable qu'une œuvre créée par un robot puisse prétendre à une protection au titre du droit d'auteur.

Si les robots humanoïdes sont encore loin de nos rues et de nos maisons et pour longtemps, nous sommes déjà envahis d'une multitude de petits engins d'aide et d'assistance qui vont devenir de plus en plus sophistiqués, grâce à trois éléments : une augmentation du nombre de degrés de liberté, le développement des algorithmes et l'intelligence artificielle.

4.1. Les degrés de liberté

Un degré de liberté, en sciences, correspond à une possibilité de déplacement dans l'espace (mécanique), ou pour un système à changer de manière non contrainte (physique et chimie). En statistiques, le degré de liberté désigne le nombre de valeurs aléatoires (hasard) qui ne peuvent être déterminées ou fixées par une équation (déterminée). Si on prend le nombre 12 et qu'on fait X+Y=12. X peut être choisi arbitrairement, mais alors il n'y a plus de choix pour Y. Si on choisit par exemple X=10, Y est automatiquement égal à 2. Il y a dans cet exemple, 2 valeurs, mais 1 seul degré de liberté (un seul choix non contraint, en l'occurrence 10). Le nombre de degrés de liberté est égal au nombre d'observations moins le nombre de relations entre ces observations. Si un problème est identifié et a une solution unique, le nombre de degrés de liberté est égal à 0. On rejoint ici le domaine des algorithmes. En comptant chacun des axes, on obtient le nombre de degrés de liberté total du système (sans distinction du type de mouvement réalisable), ce qui renseigne à la fois sur le potentiel et la complexité du système.

Un robot à roues a 2 degrés de liberté : il peut avancer/reculer ou tourner autour de l'axe vertical. Notre robot bipède a 4 degrés de liberté. Ce nombre de ddl dépend des articulations. Dans le corps humain, on dénombre traditionnellement 206 os, 639 muscles (dont 570 muscles striés, le myocarde et les muscles lisses en plus) et 350 articulations. Un corps humain contient donc environ 350 ddl (80 pour la tête, 40 pour les membres supérieurs, 40 pour les membres inférieurs et 190 pour le tronc). C'est à partir de cette position que sont définies dans l'espace les différentes positions et directions. Par rapport à cette position, on décrit les mouvements :

→ selon trois plans :

1. le plan frontal divise le sujet en une partie antérieure (ou faciale) et une partie postérieure (ou dorsale) ;
2. le plan sagittal divise le sujet en une partie droite et une partie gauche (un plan médian sépare le sujet en deux moitiés égales) ;
3. le plan transversal divise le sujet en une partie supérieure (crâniale ou proximale) et une partie inférieure (caudale ou distale)

→ et trois axes :

4. l'axe vertical est situé à l'intersection du plan frontal et sagittal ;
5. l'axe sagittal à l'intersection du plan sagittal et transversal ;
6. l'axe transversal à l'intersection du plan frontal et transversal ;

Ces points d'articulation permettent de mouvoir le corps dans l'espace selon différents axes et plans plus ou moins amples (mouvements globaux et mouvements fins). Ces articulations sont ainsi caractérisées par le nombre de mouvements qu'elles permettent. Il existe 3 degrés de liberté en translation (axes X/horizontal, Y/orthogonal et Z/vertical) et 3 degrés en rotation autour de ces mêmes axes. Pour chaque axe, le mouvement peut se faire dans les 2 sens. Cela donne 6 ddl : l'objet se meut de haut en bas, de droite à gauche, en oblique et à chaque fois en rotation droite ou gauche. Cela fait au total 12 possibilités de mouvements.[36]

Il est clair que, considérant la « machine humaine » comme parfaite, les chercheurs tentent de la reproduire avec des machines. C'est la même démarche d'ailleurs en ce qui concerne l'intelligence artificielle où il s'agit d'imiter le cerveau humain. Un robot sur roue a 2 DDL, un bras articulé, 3. La construction du robot nécessite 6 degrés de liberté (donc au moins 6 mouvements indépendants) pour atteindre tout point d'une région donnée avec une pince bien orientée. Donc 6 degrés de liberté sont également nécessaires pour les manettes qui permettent de manier le robot.

Dans le cas particulier de la chirurgie assistée par robot (*Da Vinci*, par exemple), celui-ci possède 7 DDL, quand le poignet humain n'en possède que trois. Le dispositif permet de zoomer et dézoomer, donc d'agrandir considérablement les détails opératoires, pour une meilleure précision du geste. Ce type de robot est une forme amplifiée de la main du chirurgien. Il potentialise son geste. Il n'y a pas de différence de nature, mais

---

[36] https://www.youtube.com/watch?v=SkhiWwa_r7Y

seulement une différence de degré, entre le chirurgien qui fait usage d'un porte-aiguille – qui est déjà une amplification de sa main – et le robot *Da Vinci*, entièrement dirigé par la main humaine. Dans certaines spécialités médicales, on a affaire à des robots qui réalisent automatiquement un geste selon un programme préétabli. Un exemple, parmi les interventions sur le cerveau, est la descente robotisée de l'électrode de stimulation cérébrale profonde, pour le traitement de la maladie de Parkinson. Aucun robot n'opère seul actuellement. Dans la catégorie supérieure de robots, on trouve le robot autonome, gouverné par des algorithmes qui permettent de faire face à des situations avec des imprévus, comme la voiture circulant sans conducteur. Nous n'en sommes pas à ce stade en chirurgie.

4.2. Les algorithmes

Contrairement à l'heuristique, un algorithme est une suite finie et non ambiguë d'opérations ou d'instructions permettant de résoudre un problème ou d'obtenir un résultat. Cela nous concerne tous au quotidien. Par exemple, je veux me cuire des pâtes. Une recette de cuisine est une suite finie d'étapes (en apparence, du moins) :

- Prenez une casserole ;
- Remplissez-la d'eau froide ;
- Mettez-la sur une plaque de cuisson ;
- Ajoutez-y une cuillère à soupe d'huile ;
- Ajoutez-y une cuillère à soupe de sel ;
- Mettez sur la casserole un couvercle ;
- Portez l'eau à ébullition ;
- Plongez-y les pâtes ;
- Avec une spatule en bois, mélangez-les ;
- Remettez le couvercle ;
- Attendre le temps prévu sur le paquet de pâtes (6 minutes par exemple) ;
- Prenez avec une fourchette une ou deux pâtes ;
- Portez-les en bouche pour en tester la consistance ;
- Allongez le temps d'une minute si nécessaire ;
- Videz la casserole dans une passoire dans l'évier ;
- Mettez les pâtes égouttées dans un plat.

Dans un livre, la recette que vous trouverez sera déjà nettement moins explicite. Même dans celle-ci, il y a de nombreux implicites :

- Vous avez tout sous la main, sinon il faudra d'autres solutions pour trouver les pâtes, l'eau, le sel, etc.
- Vous savez remplir une casserole et donc utilisez un robinet (qui peu avoir une multitude d'apparences).
- Que veut dire « remplir une casserole » : combien de litres, jusqu'à quel niveau de quelle casserole ?
- Vous savez ce que veut dire *des pâtes al dente* lors de l'essai.
- Vous savez transporter une casserole d'eau bouillante en évitant d'éventuels obstacles, comme un enfant jouant dans la cuisine.

Cet exemple vous donne une idée de la complexité de la tâche simple de cuire des pâtes si cela devait être fait par un robot, vierge de tout apprentissage et pour lequel on n'aurait pas prévu les implicites. L'incendie général de votre habitation est assuré.

On trouve cependant des algorithmes dans la vie de tous les jours. On dirait même que cela fait partie de nos routines d'apprentissages, qu'on finit par automatiser à force de répétitions. Pourquoi en parle-t-on principalement en informatique ? La raison est très simple : les ordinateurs sont très pratiques pour effectuer des tâches répétitives. Ils sont rapides, efficaces, et ils ne se lassent pas.

De manière générale, on peut concevoir de nombreux algorithmes comme des méthodes de traitement d'informations : recherche, comparaison, analyse, classement, extraction, etc. Les ordinateurs sont très utiles pour manipuler la masse d'informations qui nous entoure continuellement. Il y a un point de départ et un point d'arrivée et l'algorithmique en décrit les étapes, l'itinéraire en quelque sorte. En plus de manipuler l'information, il faut aussi la stocker. La manière dont on va s'organiser pour ce stockage est cruciale. Rangez-vous toujours vos casseroles au même endroit, et vos pâtes, où sont-elles ? Sont-elles avec d'autres féculents ou isolées ? Le sel est-il avec les autres épices ou isolé sur le plan de travail, à droite ou à gauche ? L'ordre a donc une importance primordiale : on ne met pas les pâtes dans l'eau avant qu'elles soient bouillantes. Il y a des liens forts entre les algorithmes qui décrivent des méthodes et les structures de données qui décrivent une organisation. Certaines structures de données sont indispensables à la mise en place de certaines méthodes, et à l'inverse certains algorithmes sont nécessaires aux structures de données. Par exemple, si on voulait créer une nouvelle recette de cuisson des pâtes en y ajoutant du curcuma, on ne pourrait le faire que quand les pâtes sont déjà ramollies et non au début. Si on veut rajouter un mot dans un dictionnaire classé alphabétiquement, on ne peut pas l'insérer à la dernière page. Il faut utiliser un algorithme pour l'ajouter au bon endroit. L'étude des structures de données est donc inséparable de celle des algorithmes.

Beaucoup de nos activités contemporaines, tant économiques que personnelles, dépendent désormais d'algorithmes. Les algorithmes contrôlent le fonctionnement interne de tout, des accélérateurs de particules aux marchés boursiers. Ils déterminent les nouvelles que vous consultez, les résultats de recherche que vous obtenez, la façon dont les ordinateurs apprennent, et ce qui vous a été recommandé sur *Netflix* ou *Amazone*. Ils calculent votre chemin sur un GPS, devinent vos goûts en matière de vidéo, de musique, anticipent vos achats sur Internet ou encore vous suggèrent de nouveaux amis.

Voici quelques exemples d'algorithmes qui régissent notre vie au quotidien :

- L'algorithme de *Google* nous donne une vision du monde propre à ses moteurs de recherche.
- Celui de *Facebook* sélectionne les informations en fonction de leur popularité, c'est-à-dire du nombre de commentaires. Mais qui calcule les pourcentages de correspondances entre deux personnes sur les sites de rencontre ? Un algorithme, bien sûr ! De nombreux couples aujourd'hui sont donc en quelque sorte le fruit d'un algorithme.

- L'agence américaine de renseignement, la NSA, enregistre beaucoup de télécommunications, mais n'écoute pas tout. Ce sont des algorithmes qui s'en chargent.
- Nous sommes également sous la coupe des algorithmes de suggestions automatiques. Par exemple, celui qui suggère des livres semblables à celui que l'on vient de commander sur *Amazone*. Idem pour la musique sur *iTunes*, *Deezer* ou *Spotify*.
- Qu'est-ce qui régit la finance aujourd'hui ? Ce sont des machines qui effectuent les *flash tradings*, ces transactions à haute fréquence.
- Il y a aussi la prédiction des crimes, comme dans *Minority Report*, avec, par exemple, le système *Crush* d'IBM qui aurait permis à la commune de Memphis de réduire la criminalité en annonçant à l'avance les points chauds dans la ville.

Bref, les algorithmes sont en train de faire main basse sur tous nos processus de décisions. La prochaine étape, peut-être demain, serait un gouvernement algorithmique dans lequel les hommes politiques, comme dans le jeu *SimCity*, seraient remplacés par des logiciels.

4.3. L'intelligence artificielle

Au cours des dernières années, les progrès dans le domaine de l'intelligence artificielle ont généré beaucoup d'intérêt et d'excitation. Le *deep learning* (technique pour la mise en œuvre de l'apprentissage par machine) permet de réaliser toutes sortes de tâches assistées par machine. Les soins de santé préventifs, les véhicules sans conducteur, la découverte de médicaments, la bio-informatique et les recommandations hyperpersonnalisées sur les sites de vente sont tous opérationnels ou en voie de l'être. Il s'agit en fait de simuler l'intelligence humaine. On en parle pour les *machine learning* (auto-apprentissage), le *deep learning* (notamment la vision par traitement de couches successives de neurones artificiels), la *computer vision* (perception de l'environnement), le *natural language processing* (finesse de langage et traduction), etc.

La notion voit le jour dans les années 1950 grâce au mathématicien Alain Turing. Dans son livre *Computing Machinery and Intelligence*, ce dernier soulève la question d'apporter aux machines une forme d'intelligence. Il décrit alors un test aujourd'hui connu sous le nom « Test de Turing » dans lequel un sujet interagit à l'aveugle avec un autre humain, puis avec une machine programmée pour formuler des réponses sensées. Si le sujet n'est pas capable de faire la différence, alors la machine a réussi le test et, selon l'auteur, peut véritablement être considérée comme « intelligente ».

Alan Turing était un mathématicien génial, qui pendant la Seconde Guerre mondiale, a réussi à décrypter le code secret des nazis, généré par leur fameuse machine *Enigma*. Sans Turing, les Alliés auraient probablement perdu la bataille de l'Atlantique, et peut-être la guerre contre le nazisme. Turing est un héros historique dans tous les sens du terme. On considère qu'il a inventé l'ordinateur et l'informatique. Comme il était gay, la justice britannique le condamna à la castration chimique. Officiellement, il fut inculpé *d'indécence manifeste et de perversion sexuelle*. Désespéré, humilié, il préféra se suicider en 1954, à 42 ans, en mordant dans une pomme empoisonnée au cyanure, comme Blanche-Neige, conte qu'il adorait. En fondant Apple, Jobs et Wozniak lui rendirent cet hommage : leur pomme (arc-en-ciel, signe du mouvement gay) est entamée par la mortelle morsure.

Chacune des grosses entreprises basées sur l'informatique (Google, Apple, etc.) a mis en place des réseaux de neurones artificiels constitués de serveurs qui permettent de traiter de lourds calculs au sein de gigantesques bases de données. L'explosion de la puissance de calcul des machines a fait basculer l'IA, dans les années 2010, de la science-fiction à une réalité de plus en plus proche, devenue enjeu scientifique et économique majeur. Des savants et des entrepreneurs en ont souligné les risques, comme l'astrophysicien Stephen Hawkinks, Bill Gates ou encore Elon Musk (Patron de Tesla, initiateur aussi de PayPal), qui pointent les risques éthiques d'une IA rendue trop autonome ou consciente, sans parler des risques sur l'emploi.

« Je pense que le développement d'une intelligence artificielle complète pourrait mettre fin à l'humanité, déclarait Stephen Hawking en 2014 à la BBC. *Une fois que les hommes l'auraient développée, celle-ci décollerait seule et se redéfinirait de plus en plus vite. Les humains, limités par une lente évolution biologique, ne pourraient pas rivaliser et seraient dépassés. »*

Elon Musk souligne lui *qu'il se passe bien plus de choses que ce que la plupart des gens ont l'occasion de voir, et la rapidité de perfectionnement est exponentielle.* Musk cite l'exemple d'*AlphaGo* qui en quelques mois est passé d'un joueur de go médiocre au vainqueur d'un match contre le champion du monde, avant d'être battu lui-même à 100-0 par son successeur *AlphaZero*.

Nous serions tentés de le croire quand on sait que la société de Doug Lenat, *Cycorp*, travaille en secret sur une intelligence artificielle depuis plus de 30 ans, presque uniquement sur fonds propres. *Cyc* serait sur le point de voir le jour, bien plus performant que *Siri* d'Apple ou *Watson* d'IBM. Cyc a pour but de codifier la connaissance au sens large ainsi que le bon sens humain de manière à les rendre intelligibles pour les ordinateurs. Les ordinateurs seraient capables de recevoir des instructions vocales, de les comprendre et les exécuter sans les reprogrammer à chaque fois. Les intelligences artificielles actuelles ne peuvent pas comprendre les phrases qui contiennent des analogies, des références culturelles ou toutes sortes d'informations implicites. Par exemple, si vous demandez à *Siri* qui est le Président des États unis, il vous répond correctement avec une petite biographie de l'intéressé, mais si vous poursuivez en demandant : *est-il catholique ? Siri* ne comprendra pas que le pronom *il* fait référence à Trump. Il vous répond : « *je ne sais pas quoi répondre à cela ?* ». *Cyc*, quant à lui, devrait en être capable. Et le programme de *Cycorp* va même plus loin. Contrairement aux autres intelligences artificielles qui fonctionnent par enchaînements de lignes de code, Cyc s'appuie sur des modèles de calcul avancés, un réseau de neurones artificiels ainsi que sur le modèle de l'apprentissage automatique en fonction de données accumulées. Autrement dit, il devrait avoir un fonctionnement fluent et quasi intuitif dans une série de domaines. En tout cas, c'est ce qu'annonçaient tous les journaux et magazines en 2014. En fin 2018, on en attendait toujours la démonstration.

Des progrès sont indéniables, mais restent lents vu la complexité de la mise en ouvre et les besoins sans cesse grandissants en volume de calculs et en rapidité.

Théoriquement, les futurs ordinateurs quantiques devraient résoudre la chose. Un ordinateur quantique est l'équivalent des ordinateurs classiques qui effectuerait ses calculs en utilisant directement les lois de la physique quantique, celle dite de superposition des états quantiques. Un ordinateur classique manipule des bits d'information, des 0 ou des 1. Un ordinateur quantique utilise des qubits (quantum bits). Ceux-ci sont des généralisations des bits classiques, qui sont en quelque sorte une superposition simultanée de ces deux états, comme peut l'être, par exemple, un état de spin (grandeur vectorielle dont la direction est celle de l'axe de rotation et dont la valeur est proportionnelle à la vitesse angulaire de rotation) pour un photon (particule élémentaire de la lumière) ou un électron (particule de matière). En effet, si un bit classique se trouve toujours soit dans l'état 0, soit dans l'état 1, un qubit peut, grâce à la superposition quantique, être soit dans l'état 0, soit dans l'état 1, mais aussi dans une superposition de 0 et de 1. Et cela ne constitue pas un troisième état, mais bien une infinité d'autres états…[37]

Ce qui pose problème avec ce genre de machines, c'est l'instabilité dans la récolte des résultats des calculs. Quelques ordinateurs simples existeraient, mais on est encore loin d'un usage fiable et performant, même par rapport aux machines classiques. On parle de 2050 pour les premiers vrais ordinateurs quantiques et pour le grand public, le délai est incertain. En effet, ces machines doivent travailler près du zéro absolu et la cryogénie n'est pas encore vraiment portative. Pourtant Microsoft annonce des résultats bien plus rapides dans un

[37] https://experiences.microsoft.fr/technique/intelligence-artificielle-ia-technique/informatique-quantique-pari-fou/

domaine particulier lié à cette orientation, celui d'un ordinateur quantique topologique au langage de programmation nouveau.[38]

4.4. Le transhumanisme

Nous avons vu que ce concept date des années 1980 : certains futurologues américains prédisaient que les êtres humains pourraient être capables de se transformer et se voir dotés de capacités telles qu'ils mériteraient l'étiquette de posthumains. L'association de la biologie et du numérique permet de réduire grandement la frontière entre l'homme et l'artificiel. L'individu peut entrer en symbiose étroite avec des éléments artificiels à titre individuel ou à titre collectif via internet. *L'Association Transhumaniste Mondiale* a été fondée en 1998, afin d'encourager la discussion, la recherche et augmenter la visibilité de la pensée transhumaniste. Les courants américains sont très centrés sur la liberté individuelle et le libéralisme économique, mais l'association *Humanity* + tendrait à être plus démocratique (?). En Europe, la réception du mouvement se fait comme d'habitude à travers notre filtre culturel propre. En France, la seule organisation structurée qui se réclame à ce jour du Transhumanisme semble être *l'Association française Transhumaniste*.

Le transhumanisme est porteur d'une vision de l'homme complètement différente de celle de la tradition occidentale. L'homme est considéré comme un être imparfait qui peut être amélioré et ses capacités augmentées. L'homme est faible et limité. On y retrouve la métaphysique de la Gnose de la haute Antiquité qui annonçait que la Création, avortée du fait de puissances maléfiques, pourrait être achevée et pleinement réalisée grâce aux savoirs et aux techniques. C'est le voeu d'immortalité qu'on retrouve dans cette philosophie. Grâce à sa fusion avec la bio-informatique, l'homme pourrait accéder à l'immortalité et égaler les dieux.

[38] www.usine-digitale.fr : Microsoft : « Nous aurons créé un ordinateur quantique d'ici 5 ans. », article du 11 mai 2018.

Le transhumanisme ne veut pas seulement préserver l'être vivant de l'homme, mais l'augmenter, le transformer. En plaçant la technique au cœur de la culture, l'humanisme classique est bouleversé, mais pas désavoué. Dans la postmodernité, on retrouve l'abolition des repères de base. Alors que la modernité voulait un progrès scientifique et technique dans un cadre humaniste, on voit que le transhumanisme prétend s'affranchir de ce qui semble pourtant constituer l'humain. Est-on si sûr que les repères traditionnels soient contingents et puissent être dépassés sans provoquer des dysfonctionnements relationnels et sociaux majeurs ? Ce mouvement s'inscrit complètement dans l'idéologie néolibérale de transgression des limites morales traditionnelles. Le néolibéralisme vise l'augmentation des droits individuels et la libéralisation permanente des mœurs, ce qui a pour conséquence une dissolution des valeurs traditionnelles, une transformation sociale profonde, sans qu'en soient toujours mesurées les conséquences. On pourrait évidemment se questionner : les puissants et les riches atteindront l'immortalité et une bonne santé permanente peut-être sur Mars, mais que deviendraient les autres ?[39]

Finalement les années 2000-2020 n'ont été prolifiques en robotique et en usages numériques que dans des milieux spécialisés. Si on excepte les robots tondeurs qu'on voit un peu partout, rien n'apparaît dans la vie du commun des mortels.

Aibo, le chien de Sony n'a connu qu'un avenir confidentiel : 150.000 exemplaires vendus avant sa disparition vers 2010. Son retour a été annoncé au Japon en 2018. Les robots nettoyeurs de piscine sont un peu plus visibles, mais surtout pour ceux qui ont une piscine et ceux qui les côtoient.

Pas de robots dans nos rues, dans nos cuisines, ou dans notre salon. L'aspirateur robot reste confidentiel probablement à cause

[39] Parisien F.-H. (2015) Le transhumanisme. In : *Philosophie, science et société* : https://philosciences.com/philosophie-et-societe/ideologie-croyance-societe/141-transhumanisme.

de son prix et surtout de ses limites. En fait, pour un prix important, ces aspirateurs ont des avantages : moins bruyants, autonome, peu encombrants, assez efficaces pour les plus chers. Les acheteurs sont des familles surtout de deux personnes, avec des animaux, qui travaillent, qui ont un pouvoir d'achat important et qui sont friands de nouvelles technologies. Il y a des inconvénients, même pour les machines les plus intelligentes, cela concerne les intérieurs assez dépouillés, sans beaucoup d'obstacles (portes, câbles, tapis, meubles bas, etc. Il faut les transporter de pièce en pièce. Bref, le gain de temps avancé par les consommateurs n'est pas toujours si important si vous n'habitez pas dans un appartement très moderne, ouvert et peu meublé.

Pas de robot dans mon jardin de style anglais et donc aux allées et sentiers sinueux, aux massifs multiples, avec une pièce d'eau et des statues. La pelouse n'est pas très plate et certainement pas rectiligne. On pourrait peut-être la baliser pour y introduire une tondeuse robot, mais à quel prix, vu le travail de préparation de son terrain d'action.

Concrètement, je connais personnellement :

- 0 personne qui possède un robot aspirateur
- 0 personne un robot tondeur
- 1 personne un robot nettoyeur de piscine
- 0 personne un robot nettoyeur
- 0 personne un robot lave-vitre
- 0 personne un jouet robot

Mon exemple est particulier. En effet, près de 200.000 aspirateurs-robots ont été vendus en France en 2017. Selon la *International Federation of Robotics*, 31 millions de robots à usage domestiques ont été vendus entre 2016 et 2019 ![40] Les ventes de robots-aspirateurs, robots-tondeuses, augmentent au fur et à mesure de leur démocratisation. La vente dans le secteur plus global des robots de services augmente également. On parle

[40] https://ifr.org/ifr-press-releases/news/31-million-robots-helping-in-households-worldwide-by-2019

ici des robots de loisirs tels que les robots-jouets et des robots d'assistance pour les personnes âgées ou à mobilité réduite. On comptait en 2015 3,6 millions d'unités de robots domestiques vendus. Le chiffre d'affaires de ce secteur devrait dépasser les 13 milliards de dollars pour la période 2016-2019.

PARTIE III :
MA VIE DE DEMAIN (2020-2030)

INTRODUCTION

Je ne sais évidemment pas quelle sera ma vie de demain, quoique je me doute que les éléments que je connais aujourd'hui seront encore là demain. Cette connaissance raisonnable alimente mon point de vue et mes sentiments, selon les jours, les saisons et les années, au fil des informations, des expériences et de mon état d'esprit. Si je suis anxieux, j'imagine le pire et son contraire si je suis joyeux.

Pour le pire

J'ai choisi pour introduire cette troisième partie dans son aspect inquiétant les films *Terminator* de James Cameron et *Matrix* des Machowski. Est-il utile de rappeler que :

- *Terminator* raconte l'histoire d'un combat entre l'humanité représentée par John Connor et un humanoïde ultra-perfectionné, envoyé par des machines du futur. Alors que les machines qui s'autorépliquent veulent en finir avec toute trace de vie, les humains cherchent à survivre à tout prix.
- *Matrix* dépeint un futur dans lequel la réalité perçue par la plupart des humains est en fait une simulation virtuelle appelée la « Matrix », créée par des machines douées d'intelligence afin de soumettre la population humaine et de se servir de la chaleur de leur corps et de l'activité électrique de leur cerveau comme sources d'énergie. Une rébellion s'organise contre les machines.

Il s'agit bien sûr de deux exemples de dystopies, avec une mise en scène réaliste, tellement réaliste que cela paraît plausible. Matrix sème particulièrement le doute, en mêlant futur et présent, en faisant évoluer ses personnages parfois dans un présent bien connu. Ces deux exemples – il y en a bien d'autres – soulignent notre crainte d'un envahissement organisé des machines qui mettraient notre vie en péril, pas seulement la nôtre, mais celle de toute la faune et de toute la flore.

Pour le meilleur

Loin de cet univers de fiction apocalyptique, certains imaginent une utilisation plus optimiste des robots et des drones, comme contributeurs à la protection de l'environnement. Il ne s'agit pas que d'imagination, car des réalisations sont déjà à l'œuvre.

C'est dans le domaine agricole que les actions sont les plus concrètes. Des engins autonomes seraient capables soit de limiter, soit d'éradiquer complètement l'usage de désherbant (*Naïo Technologies*, par exemple). Il y en a de différentes tailles, adaptés à différentes sortes de culture, avec des éléments d'intelligence articielle pour utiliser parcimonieusement et de façon ciblée des désherbants (*Ecorobotix*). Certaines machines sont adaptées au traitement des vignes, avec alimentation à l'énergie solaire et guidage par GPS.

Les centres de recyclage commencent à se doter de stations de tri robotisées nouvelle génération, équipées de technologies de reconnaissance d'objets pour identifier et trier efficacement les détritus. Le système de vision de ces robots trieurs s'appuie sur le principe du *deep learning* pour identifier les matières et diriger leurs bras articulés vers les déchets idoines. Ils doivent à terme se substituer aux trieurs (*ZenRobotics*).

Autre utilisation de la robotique : le nettoyage. Les sites de production d'énergie solaire étant souvent situés dans des zones arides balayées par des vents gorgés de particules suspendues, ils doivent être nettoyés régulièrement pour fonctionner à leur capacité maximale. Les panneaux solaires endommagés ou sales sont perçus par des drones et nettoyés automatiquement, avec moins d'eau, voire pas du tout (*Ecoppia*). Les drones servent également à inspecter les sites éoliens.

D'autres initiatives concernent la dépollution des eaux ou de l'air. Le robot *Diya One* de *Partnering Robotics*, aux airs de

R2D2 de *Star Wars*, analyse l'air des hôpitaux, des centres commerciaux, des musées, et le purifie. Il vadrouille tout seul dans les locaux en évitant les obstacles. Des drones assurent la surveillance de la qualité de l'air de zones sensibles : usines de raffinement (*Total*) et autres usines (*Aeromon*).

Dans les ports, des robots nettoyeurs des eaux commencent leur travail en avant jusqu'à 500 Kg de détritus et en analysant la qualité de l'eau (*Ran Marine*, *Ladys*).

Les paris restent ouverts

Nous allons maintenant nous engager dans un exercice de prospection. Nous allons procéder d'une manière manichéenne : le bien et le mal, les utopies et les dystopies, en sachant qu'il ne s'agit certainement pas de vérités et encore moins de prévisions. Ce sont simplement quelques réflexions sur notre condition humaine dans un monde changeant. Dans chacun des deux scénarios, nous procéderons de la manière suivante :

1. Quelques réflexions historiques sur les utopies et les dystopies ;
2. Des exemples d'utopies et de dystopies actuelles ou en germe ;
3. Impacts des nouvelles technologies sur ma vie, et donc la vôtre, dans un futur proche.

La réflexion portera sur le quotidien et la cohabitation avec de nouveaux outils, dont les robots.

1. SCÉNARIO 1 : UTOPIE

Les utopies ont toujours attiré l'esprit, car elles promettent dans des temps difficiles un mieux vivre ensemble. Les utopies modernes ne sont pas celles d'hier. Auparavant, il s'agissait de créer des lieux de vie imaginaire de type égalitaire ou de type anarchisant. Actuellement, les sociétés s'arrachent de leurs tutelles religieuses ou traditionnelles pour devenir apparemment plus humaines, malgré une démographie exponentielle. Nous vivons une époque où les hommes prennent leur avenir politique en main, dans des formes démocratiques plus ou moins bien organisées. Rares sont, en réalité, les utopies individualistes tant la liberté y est sacrifiée pour des idéaux égalitaristes. Qu'on ne s'y trompe pas, la lutte reste constante entre l'intérêt individuel et l'intérêt collectif. Dès lors, faut-il, dans les utopies modernes, percevoir les limites d'une démocratie adulte et qui atteint ses limites ? Les nouvelles utopies ont nom économie solidaire, écologie, posthumanisme, transhumanisme, etc. [41] Prenons d'abord quelques exemples historiques.

L'architecte Hippodamos, à la fin du –IVe siècle, est chargé de reconstruire une ville. Il imagine une cité géométrique, aux rues perpendiculaires, sans esclaves, mais aussi sans artistes jugés imprévisibles, sans pauvres, sans célibataires et sans oisifs. Pour éviter toute nuisance, pas d'innovation, pas d'originalité, aucun caprice humain. Tout est à sa place, bien rangé. Un citoyen bien rangé dans l'ordre de la cité, une cité bien rangée dans l'ordre de l'État, ne peuvent être que bien rangés dans l'ordre du cosmos.

Les Adamites, chrétiens hérétiques, ont voulu créer une société idéale près de Prague, identique à celle du temps d'Adam (révoltes des Hussites en 1420). Ils s'isolent, vivent nus, rejettent la religion catholique et suppriment toute structure sociale : pas d'argent, de travail, de noblesse, d'administration, d'armée.

L'*Utopia* de Thomas More (1516). La base de l'organisation utopique sur une île est la stricte égalité entre les êtres. Pour assurer cette égalité, il n'existe ni propriété, ni argent. La culture est accessible à tous. Tout se fait en commun. Il y a très peu de lois et donc pas d'avocats. Le luxe est inexistant. Il n'y a d'ailleurs pas de pauvres, pas de monnaie et la journée de travail est de 6 heures pour tout le monde. L'inégalité des richesses et l'intolérance religieuse sont les principales cibles de sa critique.

[41] Letonturier E. (dir.) (2013), *Les utopies*, CNRS, coll. « Les Essentiels d'Hermès ».

L'apparence idéale d'Utopie a un prix, celle de la destruction de l'expression individuelle.

D'autres utopies ont été ensuite proposées : l'Abbaye de Thélème (1532) de François Rabelais ne reçoit que des gens beaux et biens nés qui n'y font rien d'autre que selon leur bon vouloir.

Dès 1775, La Saline royale d'Arc-et-Senans est édifiée selon la philosophie des Lumières : l'harmonie des lieux doit favoriser une élévation de l'âme et créer un climat propice au travail et au bonheur collectif. Les sauniers vivent sur place, en autarcie presque complète, notamment grâce à des potagers aménagés derrière les logements. Leurs activités personnelles et professionnelles sont réparties dans un plan en demi-cercle avec au centre du système la maison du maître.

En 1793, Charles Fourier propose son utopie sociale dans *Le nouveau monde industriel et sociétaire*. Les hommes et femmes vivent dans des communautés de 1600 à 1800 individus. La communauté, qu'il nomme phalange, remplace la famille. Sans famille, plus de rapports parentaux, plus de rapports d'autorité. Le gouvernement est restreint au plus strict minimum. Les décisions importantes se prennent en commun au jour le jour sur la place centrale. Chaque phalange est logée dans une maison-cité que Fourier appelle le phalanstère.

« L'humanité s'émancipe peu à peu. Bientôt, l'ouvrier sera affranchi lui-même. Mais voici qu'un esclave nouveau va le remplacer près de ce dur maître. Un esclave qui peut haleter, suer et geindre marteler jour et nuit dans la flamme sans qu'on ait pitié de lui. Ses bras de fer remplaceront les frêles bras de l'homme. Les machines feront désormais toutes les besognes pénibles ennuyeuses et répugnantes. Le républicain, grâce à ses ilotes[42] à vapeur aura le temps de cultiver son esprit. » (Théophile Gauthier, 1848)

---

[42] Esclaves des Spartiates.

En 1945, l'Américain A.E. Van Vogt écrit *Le Monde des Ā* (finalement, une trilogie, traduite en français par Boris Vian en 1953). En 2560, le héros découvre sur Vénus, une colonie terrienne, une société régie par une philosophie qui quitte le modèle d'Aristote et sa logique qui ont déterminé le destin de l'humanité pendant 2000 ans. L'auteur dit lui-même que : « Pour comprendre la situation ici, vous devez vous efforcer d'atteindre en esprit les limites extrêmes de vos conceptions de la démocratie. Il n'y a pas de président sur Vénus, pas d'Assemblée, pas de groupes directeurs. Tout est volontaire ; chacun vit pour lui-même, seul, et cependant coopère avec les autres pour que le travail indispensable soit fait. »

Plus moderne, l'aventure d'Auroreville[43] est intéressante. Un philosophe bengali, Sri Aurobindo, et une philosophe française, Mira Alfassa (Mère), entreprirent en 1968 d'y créer le village idéal. Cette cité aurait la forme d'une galaxie afin que tout rayonne depuis son centre rond. Ils attendaient des gens de tous les pays. Y vinrent seulement des Européens en quête d'une utopie absolue. Hommes et femmes construisirent des éoliennes, des ateliers d'objets artisanaux, des canalisations, un centre informatique, une briqueterie. Ils implantèrent des cultures dans cette région pourtant aride. Mère fut tuée pour devenir une déesse morte, s'étant refusée à être une déesse vivante. Cette communauté existe toujours et s'est diffusée dans le monde. Auroville a pour but de réaliser l'unité humaine dans la diversité. Auroville, disent ses adeptes, serait reconnue comme la première et la seule expérience en cours approuvée au niveau international concernant l'unité humaine et la transformation de la conscience. Elle concerne également, et étudie pratiquement, la vie durable et les futurs besoins culturels, environnementaux, sociaux et spirituels de l'humanité.

À la même époque, en 1970, à l'instar de la Silicone Valley, émerge Sophia-Antipolis[44] (Provence), une sorte d'incubateur des savoirs du XXIe siècle, où les nouvelles technologies sont

---

43 www.auroreville.org

44 http://www.sophia-antipolis.org

développées. Cette utopie devait créer des conditions de vie meilleures pour les habitants et de favoriser un brassage culturel et scientifique. On en est loin du fait notamment de la surpopulation locale, du tourisme et du fossé grandissant entre les intellectuels nantis et les autochtones tout-venant. Ici encore, l'architecture y est organisée de façon particulière, en hémicercle.

N'oublions pas la multitude de sectes qui existent ou ont existé de tout temps. Elles aussi modifient la réalité des croyances à leur profit, en créant des conditions de vie artificielles. On retrouve en commun dans ces quelques exemples d'utopies, à des degrés divers :

1. L'architecture et l'organisation des lieux y jouent un rôle important.
2. Il y a contestation des pouvoirs en place, des strates sociales classiques et de certaines croyances.
3. Il n'y a pas ou peu d'organisation sociale et la tendance est anarchisante.
4. Il y a une volonté de démocratie absolue.
5. Il y a peu ou pas de brassage de populations.
6. Dans aucun de ces exemples, les machines ne sont mises en avant-plan.
7. Les croyances et la famille nucléaire y sont peu ou pas mises en avant.
8. Aucun de ces exemples ne fait le lien avec les utopies en germe (sinon partiellement Auroreville).
9. Aucune de celles qui ont été concrétisées n'a duré très longtemps, sinon en devenant sectaire.

1.1. UTOPIES EN GERME

Voici quelques exemples des grandes utopies actuelles. Il s'agit d'opinions, de mouvements, de politiques qui tendent vers des idéaux communs à des populations disséminées sur notre planète. Par définition, une utopie n'existe pas dans la réalité. Il n'empêche que des initiatives peuvent y tendre.

1.1.1. L'économie sociale et solidaire

Avec Marc Garcet, nous avons écrit en 2011 *L'économie ne peut être que sociale* [45]. Le système économique néolibéral a clairement le vent en poupe. Aucun pays, aussi pauvre soit-il, n'a d'autre rêve que d'entrer dans ce système, de s'enrichir et de ressembler aux Occidentaux consuméristes. Les banques et les bourses ont évolué ces dernières décennies. De supports aux entreprises, elles le sont devenues à la spéculation. Pour garder un visage humain et social, la finance doit garder un mécanisme réfléchi de redistribution. Et cela, c'est d'abord un projet de société. L'économie solidaire vise une autre manière de faire de l'économie. Elle privilégie l'utilité sociale, la qualité des rapports entre usagers et producteurs, entre salariés et entrepreneurs. On pense ici en particulier aux coopératives, aux Fondations et aux achats groupés. Ses fondements se veulent démocratiques, éthiques, écologiques, locaux et surtout solidaires.. Ce dernier aspect entraîne une culture de l'autogestion, un développement de communautés rurales, une lutte antimilitariste, un mouvement d'émancipation des femmes. Il s'agit donc bien d'un programme social sur base d'une modification des rapports humains à l'économie, et donc à l'argent.[46] Ce type d'économie occupe quand même 10 % de la population active en France.

1.1.2. L'écologie

Ce courant a été au centre de plusieurs utopies. La palme en revient peut-être à Alberto Magnaghi[47] et sa biorégion ou utopie territorialiste. Selon lui, le développement économique conventionnel est déterritorialisé. Plus précisément, les lieux où éco (maison) et nomiques (lois) s'élaborent ne sont plus décidés par les habitants d'un territoire. Ceux-ci ne sont plus au centre de cette économie, ils sont à sa périphérie, au gré d'impératifs

[45] Aux Éditions L'Harmattan, Paris.
[46] Exemple dans un cadre universitaire : www.ces.uliege.be
[47] Magnaghi A. (2014) *La biorégion urbaine, petit traité sur le territoire bien commun.* Paris, Association culturelle Eterotopia France.

pensés par d'autres, ailleurs, parfois bien loin dans le monde. Alberto Magnaghi réfute l'uniformisation des modes de vie et l'interdépendance économique généralisée. C'est un processus générateur de nouvelles pauvretés qui tiennent globalement à la réduction de la valeur d'usage des biens existants sur le marché, en raison de leurs incidences négatives sur la santé ainsi que la qualité de vie et de l'environnement. Ces pauvretés ne sont pas les pauvretés extrêmes de l'exclusion de l'économique. Bien au contraire, elles résultent de la dégradation générale de la qualité de vie sur un territoire et elles touchent désormais la grande majorité de la population mondiale. Se mêlent ici écologie et économie. Le territoire est un espace homogène et cohérent, comparable à un être vivant en bonne santé. Dans ce sens, il se veut écologique. Des parcs éco-agricoles ont ainsi vu le jour dans la région de Milan ou en Espagne. Il faut dire qu'en 2030, 60 % de la population de la planète vivra en milieu urbain. Cette concentration démographique, avec l'expansion urbaine qui en résulte, a lieu au détriment de l'environnement, de la nature, de l'activité agricole, causant une grave perte de biodiversité et des espaces ouverts non bâtis.

D'autres initiatives, plus ou moins anecdotiques cherchent à réconcilier homme et nature : l'instinctothérapie du Suisse Burger, le *Fuck for Forest* de deux Norvégiens, le *Manifeste* de *Unabombe*r, l'Américain fou Theodore John Kaczynski, etc.

Pour éviter à la fois la crise écologique, la perte de la biodiversité et l'urbanisation outrancière et redonner du sens à ce XXIe siècle qui a si mal commencé, Jean-Marie Pelt, le botaniste, et Yves Paccalet[48], ancien compagnon du commandant Cousteau, sont tombés d'accord pour mettre en exergue trois utopies à mettre d'urgence en oeuvre :

- Première utopie : « *Créer les États-Unis du Monde* », un peu sur le modèle de l'Union européenne.

---

[48] Paccalet Y. (2007) *L'Humanité disparaîtra, bon débarras !* Paris, Editions *J'ai lu.*

- Deuxième utopie : *« Partager les richesses »* et donc taxer les flux financiers et mettre fin à tous les paradis fiscaux et à la spéculation.
- Troisième utopie : *« Adopter la philosophie du peu »* que certains, comme Pierre Rabhi, appellent également « la sobriété heureuse ».

On voit bien dans tous ces exemples qu'il s'agit d'encadrer les tendances humaines et notamment celle du « tout pour moi tout de suite » par des politiques mondiales. Or, dans nos sociétés occidentales, les mouvements politiques dits écologiques sont bien pauvres de projets de société et se contentent de calquer leur modèle sur celui d'autres partis plus ou moins de gauche. L'intérêt de ces utopies écologistes ou écologiques est qu'elles sortent d'un cadre de non-lieu pour l'intégrer dans le champ des possibles. Jusqu'à présent, aucun gouvernement, aucun homme d'État n'a été en mesure d'en proposer, fût-ce quelques balbutiements, au-delà de vœux plus ou moins pieux. Signalons cependant qu'en cette fin 2018, une certaine prise de conscience politique apparaît au sujet du réchauffement climatique.

1.1.3. Le transhumanisme, on y revient

Nous ne l'avons pas classé parmi les utopies, car les engagements financiers actuels, le nombre de chercheurs et de personnalités adeptes en font une sorte de mouvement de pensée en passe de devenir réalité. Quelle réalité ? Ce courant de pensée est né dans les années 1960 de la nouvelle gauche et du mouvement des droits civiques et de la contre-culture *beatnik*[49]. Les plus extrêmes d'entre eux affirment qu'à terme, nous allons vaincre la mort. Ils se font cryogéniser de façon à ce qu'on puisse télécharger le contenu de leur cerveau dans un ordinateur afin de revivre, y compris sur une autre planète. D'autres, plus modestes, affirment qu'il faut accompagner le progrès technique inévitable, car ils sont certains que la science trouvera des réponses aux

[49] Beatnik, mot populaire dans les années 1950, regroupe le mot *nik* (satellite russe sputnik) et *beat* (vagabond du rail, le rythme du jazz) pour désigner celui qui est à bout de souffle. Ce mot sera repris par le mouvement hippie.

problèmes posés. Dans les deux cas, c'est un combat contre la finitude humaine. Pourquoi mourir, telle est la question ? Pour y arriver, les robots et l'informatique sont susceptibles de nous en fournir les moyens, ces automates modernes devenant des modèles.

De toutes les technologies surfant sur la vague du progrès technologique, Ray Kurzweil[50], scientifique éclairé pour certains et démagogue pour d'autres, identifie la génétique, les nanotechnologies et la robotique comme les trois révolutions qui définiront nos vies dans les décennies à venir :

- La révolution génétique nous permettra de reprogrammer notre propre biologie.
- La révolution des nanotechnologies nous permettra de manipuler la matière à l'échelle moléculaire et atomique.
- La révolution robotique va nous permettre de créer une intelligence non biologique plus élevée que celle de l'homme.

Il prévoit la singularité, ce moment où les machines prendront le pouvoir sur l'homme pour 2029. L'intelligence artificielle couplée aux nouvelles technologies rendra ainsi l'homme d'aujourd'hui inutile et dépassé. Cet ingénieur en chef de Google et militant transhumaniste est connu et reconnu pour ses prédictions précises. De ses 147 prédictions depuis les années 1990, l'homme revendique un taux de précision de 86 % (?). Concernant la singularité beaucoup de grands scientifiques et visionnaires à l'instar de Stephen Hawking, Elon Musk ou encore Bill Gates mettent en garde l'humanité. Kurzweil se dit quant à lui impatient d'y être, assurant qu'un asservissement de l'Homme par les machines n'est que fiction et voyant plutôt en la singularité une opportunité pour l'humanité de s'améliorer, de faire de l'Homme un être plus intelligent. Il s'agit de dire adieu à Mère Nature et l'être humain deviendrait ainsi éternel et créateur, l'équivalent d'un dieu.

---

[50] Kurzwell R. (2007) *L'humanité 2.0.* Paris : M21 Editions.

Ce n'est pas seulement une prévision, c'est également un projet puisque le laboratoire de biotechnologie *Calico* (*California Life Company*) de Google y œuvre depuis 2013 : supprimer la mort, le vieillissement et la maladie. Qu'on ne s'y trompe pas, ces projets paraissent irréels et pourtant ils existent partout et pas seulement chez Google. Des universités, des chercheurs augmentent chaque année l'espérance de vie d'animaux par différentes techniques génétiques.

Le transhumanisme répond à certaines questions (la mort, la maladie, l'utilité des machines), mais pas à toutes (quel prix, qui seront choisis, comment ?). Dans ce sens, une dérive sectaire est évidemment possible ou probable, selon les appétits de certains leaders.

1.1.4. Remplacer le travail par des activités utiles socialement

Comme déjà évoquée, la notion de travail a deux sens :

- un sens « naturel » quand il s'agit d'exercer une activité régulière agissant sur l'environnement pour produire ce dont nous avons besoin pour survivre, pour vivre ou pour vivre confortablement. Cela suppose certaines capacités générales (usage des membres, déplacements, réflexion, etc.).
- Un sens « artificiel » quand nous louons nos capacités à un autre être humain, qui organise le travail à des fins de rationalisation, de production améliorée, ou encore de profit augmenté.

En soi, le travail possède des caractéristiques plutôt bénéfiques : assurer une vie propre et celle de sa famille, apporter une plus-value dans le confort et même la sécurité (sociale) dans nos pays nantis, scander le rythme de la vie, nous assurer des contacts sociaux et nous donner une satisfaction d'amour propre, voire de fierté dans son aspect utilitaire.

La division du travail représente dans une entreprise la décomposition de la production en de nombreuses opérations ou tâches élémentaires limitées et complémentaires. La division sociale du travail consiste dans la répartition dans la société des différentes activités entre les individus ou des groupes sociaux (les différents métiers). Elle est souvent fondée sur des critères hiérarchiques pour des tâches plus ou moins prestigieuses et valorisées. On pense ici surtout à des artisans qui produisent un produit fini, qu'ils revendent à d'autres artisans qui fabriquent de nouveaux produits finis et ainsi de suite. La vente finale se fait souvent dans des coopératives. Dans la division du travail, un technicien ou un ouvrier ne peuvent revendre leur production, d'autant plus qu'ils n'y participent qu'à une concurrence modeste.

Cet aspect de division du travail est une porte ouverte à tous les excès liés au principe de la division pour régner : dévalorisation, asservissement, dépendance. L'ouvrier est une sorte d'enfant qu'il s'agit de former et d'éduquer à l'obéissance. Les fils rebelles ont fait l'histoire du syndicalisme avant de finir dans la soumission à des lois complexes qui favorisent souvent (pas toujours) les plus nantis, capables de se payer des avocats spécialisés.

L'utilitarisme a quelque peu été oublié dans ces grands principes d'organisation du travail, surtout depuis l'industrialisation et la postindustrialisation. C'est une doctrine éthique qui prescrit d'agir ou non afin de favoriser le bien-être du plus grand nombre. Dans cette notion de grand nombre, on y met ce qu'on veut : les humains, la biosphère, etc. La valeur morale d'une action est déterminée seulement par sa contribution à l'utilité générale et donc par la totalité de ses conséquences. Cela s'exprime en rapport avec la quantité de bonheur pour tous, qui, à l'opposé de l'égoïsme, insiste sur le fait qu'il faut considérer le bien-être de tous et non le bien-être du seul agent acteur.[51] Cette philosophie complexe a été critiquée, pour de bonnes raisons intrinsèques, et aussi parce qu'elle refuse de s'appuyer sur les critères de consommation.[52]

---

[51] Jeremy Bentham (1748-1832) et John Stuart Mill (1806-1873). Voir aussi des auteurs plus modernes : Henry Sidgwick, Richard Hare, Peter Singer.

[52] Mill J.S. (1968) *L'Utilitarisme*. Paris : Garnier Flammarion. (Ed. française)

Ces auteurs entendent partir des motivations élémentaires de la nature humaine : son penchant « naturel » à rechercher un maximum de plaisir et un minimum de souffrance. Cette notion assez floue a trouvé des applications, comme au Bhoutan, où le Roi puis le gouvernement se sont essayés à créer un ministère du Bonheur national brut (BNB). Cette notion remplace l'identité classique des pays, basée sur le PNB monétaire.

Aristote expliquait déjà dans *La métaphysique*, que : « Tous les hommes cherchent à être heureux, et un bon gouvernement est [...] celui qui permettra de donner aux citoyens cette possibilité. » La Constitution française du 24 juin 1793, inspirée de la Déclaration des droits de l'homme et du citoyen, énonce comme but à la société « le bonheur commun » (art. 1). Aujourd'hui, les indicateurs de bien-être montent en puissance (à côté de l'indicateur PNB). Mais comment penser une société qui garantisse le bien-être de tous ?

Retournons au Bhoutan où le BNB couvre neuf domaines, identifiant les diverses composantes nécessaires au bien-être du peuple : bien-être psychologique, santé, utilisation du temps, éducation, niveau de vie, diversité écologique et résilience, diversité culturelle et résilience, bonne gouvernance, vitalité de la communauté (33 indicateurs et 124 variables déclinent ces neuf domaines). La nature est considérée à travers le prisme de l'effet de l'action humaine (problèmes urbains, conscience écologique et responsabilité envers l'environnement et les problèmes environnementaux). Cette approche interroge explicitement le rôle de l'humain dans la préservation et le soin à la nature. À l'inverse d'une vision anthropocentriste, qui fait de la nature notre environnement et la met à notre service, le bouddhisme comme la philosophie amérindienne offrent une vision du monde où l'homme est partie intégrante de la nature, sans en être le centre. Cette relation est source d'une forme d'humilité où l'homme ne se considère pas comme tout-puissant, mais prend conscience de sa condition et de sa responsabilité écologique. En ce qui concerne une mise en œuvre concrète, le BNB propose un regard transversal sur chaque action et politique publique : chaque projet est passé au crible de toutes les dimensions du BNB et pas uniquement celles du domaine directement concerné par l'action analysée. Le BNB est ainsi complété par des outils de projection, de sélection et de suivi des politiques permettant d'évaluer leur impact suivant chacune des branches de l'indice. Cela nous invite à dépasser nos visions segmentées par domaine d'action, pour adopter un regard transversal et holistique. Ainsi, l'évaluation préalable de l'impact environnemental et social d'une politique de développement économique devrait permettre d'y renoncer si cet impact est négatif.

Malgré les critiques qui n'ont pas manqué, cela laisse rêveur. Quand nos partis politiques mèneront-ils leur politique en faveur d'axes globaux et centraux pour lesquels ils ont été élus ? Le 18 mars 1968, Robert Kennedy concluait ainsi un discours : « En un mot, le PIB mesure tout, sauf ce qui fait que la vie vaut la peine d'être vécue ».[53] Les inégalités sociales et la crise écologique demandent un changement de cadre de référence, de toute urgence.

L'idée ici est simplement de souligner que nos sociétés occidentales néolibérales sont fondées sur le profit et donc l'exploitation du travail sous toutes ses formes, y compris fiscales (taxation privilégiée du travail). N'oublions pas que les recettes fiscales liées au travail représentent 40,5 % de la masse salariale en Belgique (le pays le plus taxé), contre 7 % au Chili (le pays le moins taxé).[54] La sécurité sociale et une infime part de la taxation des plus-values suffisent-elles à négliger qu'il existe bien d'autres modèles que le travail pour fonder une société.

À l'heure où le travail se raréfie, notamment grâce aux machines, à l'heure où les exigences en qualification augmentent, à l'heure où le coût du travail explose, une autre vision sociale devient urgente.

---

[53] http://www.tagtele.com/videos/voir/19476/

[54] Les impôts sur les salaires en 2018, publication de l'OCDE https://www.oecd-ilibrary.org/taxation/les-impots-sur-les-salaires_20725132 (L'Organisation de coopération et de développement économiques).

1.1.5. La robotique au service du handicap

Grâce aux progrès de la robotique et de l'intelligence artificielle, le secteur technologique offre de nouveaux espoirs pour améliorer la qualité de vie des personnes en situation de handicap. La start-up américaine *BrainRobotics* a présenté au salon d'électronique de Las Vegas en 2018 une prothèse de main capable d'interpréter les signaux envoyés par les muscles résiduels de l'utilisateur. L'utilisateur peut contrôler la prothèse en se servant de la force de ses muscles, comme il le ferait de manière naturelle pour bouger les doigts de la main. Le fondateur de *BrainRobotics*, Bicheng Han, dit vouloir : « fournir une prothèse à bas coût fonctionnelle permettant un contrôle précis de la force exercée par chaque doigt ». L'entreprise ambitionne une commercialisation d'ici peu pour moins de 300 dollars, quand les produits similaires actuels peuvent selon elle en atteindre plusieurs dizaines de milliers.

L'intelligence artificielle peut aussi venir en aide aux malvoyants. Facebook et Microsoft notamment ont dévoilé des systèmes capables de *voir* des images et d'en décrire le contenu pour les aveugles.

La société israélienne *Orcam* montre pour sa part un petit appareil baptisé *MyEye*, qui s'adapte assez discrètement sur une branche de lunettes et est commercialisé depuis peu en France par l'intermédiaire d'*Essilor*. Le dispositif intègre une caméra, qui regarde ce qui est devant l'utilisateur ou ce qu'il montre du doigt, et un haut-parleur le lui décrit à l'oreille. Il peut lire un texte, identifier des produits au supermarché ou des personnes, grâce aux technologies de reconnaissance visuelle d'une autre société israélienne, *MobilEye*.

Chez le Danois *Oticon*, ce sont les objets connectés de la maison qui parlent à l'oreille du consommateur, malentendant cette fois. L'appareil auditif connecté peut recevoir un message, directement dans l'oreille de son utilisateur quand quelqu'un sonne à la porte, ou déclencher automatiquement la cafetière quand on allume une lampe le matin.

1.2. IMPACTS POSITIFS SUR MA VIE FUTURE

Dans les 10-12 prochaines années, je vais approcher du quatrième âge et je dispose d'une certaine probabilité d'être encore en vie. Mon âge va avancer, ma santé décliner, mes performances physiques et intellectuelles décroître et ma qualité de vie également. Quoi qu'il en soit, malgré ces nouveaux paramètres personnels, quel pourrait être mon environnement dans un contexte plutôt positif. On peut rappeler que les aspects négatifs seront traités plus loin et également que ce qui est positif à un moment ne l'est pas toujours et ce qui l'est pour les uns ne l'est pas pour d'autres.

Divers paramètres vont entrer en ligne de compte pour les populations :

- les progrès scientifiques ;
- les progrès technologiques ;
- l'usage de la fusion nucléaire (probablement au-delà de 2030) ;
- l'apparition de nouveaux produits de consommation ;
- des robots au service des hommes ;

- la stabilisation de la population mondiale ;
- l'amélioration des conditions de vie d'une majorité de citoyens du monde ;
- la réduction du temps de travail ;
- de nouvelles clés de répartition des richesses produites ;
- la revalorisation des petits métiers manuels ;
- la mise en avant d'une économie sociale mondiale ;
- le renforcement des rôles de paix de l'ONU ;
- l'apparition de nouvelles législations adaptées aux progrès technologiques ;

- la jugulation du réchauffement climatique ;
- le reboisement planétaire ;
- l'installation durable de l'écologie politique ;
- la dépollution du 6e continent (matières plastiques) ;

- des moyens de déplacement techniquement propres ;
- des véhicules autonomes ;
- un habitat vert en hauteur et sur l'eau pour accueillir les populations nouvelles et migrantes ;

- une communication internet généralisée et plus rapide ;
- une médecine à distance plus efficace et sans fil ;
- l'application de la réalité virtuelle et augmentée ;
- l'imprimante 3D biologique ;
- de nouveaux types d'ordinateurs ;

Ces quelques éléments, et bien d'autres nous donnent quelques idées de notre vie future, pas si lointaine que cela. On a vu que ce qui est expérimental le reste parfois longtemps et ne trouve pas d'écho dans le grand public. Cela reste alors réservé à des applications onéreuses et spécialisées. Voici un petit exercice de ce que j'attends de mon quotidien d'ici quelques années (5-15 ans). Engagez-vous dans une réflexion similaire selon vos paramètres de vie.

1.2.1. Ma famille

La structure familiale a bien changé sur 60 ans. La famille de base était un couple marié, le plus souvent avec un ou des enfants. Le mariage a régressé et le nombre de divorces ou séparations a évolué quasi exponentiellement. Cet éclatement de la cellule familiale de base a créé de nouvelles situations avec pères, mères ou substituts, de nombreux grands-parents et substituts et d'aussi nombreux frères et sœurs, à demi, « au quart », etc. Bref, la famille traditionnelle a éclaté. Les individus isolés et les familles monoparentales ont gagné du terrain. Depuis le début des années 2000, on a également vu apparaître des couples homosexuels avec ou sans enfants grâce au Pacs en France et au contrat de cohabitation légale en Belgique. Pourtant, des formes alternatives de famille se cherchent du côté du postdivorce ou du non-mariage. Certains s'en félicitent, y voyant un degré nouveau de liberté pour les individus et une incitation à innover. D'autres mettent en cause la faillite de l'institution familiale derrière l'augmentation de la délinquance des jeunes et l'abandon des personnes âgées. Le mariage institution est devenu l'union « individualiste ». En parallèle, l'espérance de vie s'allongeant, les années de travail probablement également, les grands-parents ne sont pas toujours une alternative à l'éducation des enfants dont les parents travaillent également tous les deux. Les enfants sont donc souvent confiés à des systèmes institutionnels de garderie dans des écoles ou des camps d'occupation durant les vacances scolaires. Cela augmente certainement leur degré d'autonomie et de sociabilité, au prix d'une déconnexion familiale. Même en cas de chômage, la disponibilité des parents n'est pas nécessairement plus grande, car ils sont occupés par leurs loisirs (la télévision, les réseaux sociaux et les jeux électroniques), mais aussi préoccupés par leur situation économique.

L'impact de l'existence de ces nouvelles familles de plus en plus nombreuses sur l'organisation sociale et sur le développement cognitif et social des enfants n'est pas encore véritablement perceptible.[55]

De l'autre côté, les personnes âgées subissent le même sort que les enfants. Leurs enfants travaillant, la solidarité intergénérationnelle évolue et s'appauvrit, alors que leur nombre proportionnel croît sans cesse. D'ici quelques années, 25 % de personnes de plus de 65 ans vivront dans nos sociétés nanties. Cependant, frères et sœurs, ainsi que parents et grands-parents passent plus de temps ensemble que ne le faisaient les générations précédentes. Cette tendance s'avère positive sur le plan microsociologique, puisque l'allongement du nombre d'années propices aux possibilités et aux expériences communes qui en découlent peut renforcer la solidarité intergénérationnelle, même si, sur un plan global, l'on observe une tendance sociétale au relâchement des normes. Dans le même sens, la difficulté d'accès au marché du travail pour certains jeunes allonge la durée de la cohabitation entre parents et enfants.

---

[55] Sauf en ce qui concerne les enfants de divorcés avec un recul suffisant. Voir l'enquête de l'union des familles en Europe : http://www.uniondesfamilles.org/enquete-enfants-du-divorce.htm

Il y a peu de chances qu'on assiste au cours des 10-15 prochaines années à des modifications nouvelles et perceptibles, sinon dans le développement des systèmes de garderie des enfants et des personnes âgées. Ma vie dans des circonstances multi-générationnelles (4 générations) devrait perdurer.

1.2.2. Ma maison

La maison devient intelligente et se pilote au doigt et à l'oeil. Volets, alarme, chauffage, télévision, réfrigérateur ou lumières d'ambiance : tout se programme depuis un boîtier ou depuis son smartphone. La maison du futur permet de réaliser des économies d'énergie et de surfer sur Internet depuis sa télé. Les objets connectés arrivent en force sur le marché de la maison et des éléments de décoration, avec un seul objectif : nous faciliter la vie. Dans un avenir proche, un robot culinaire vous donne accès à des milliers de recettes, un réfrigérateur vous envoie la photo de son contenu, un poêle à bois se programme depuis un smartphone ou encore un pot de fleurs intelligent dosera l'arrosage. Mon frigo me dira ce qu'il contient, me fera une liste de courses à prévoir. La principale innovation qui devrait se répandre, c'est celle de la commande à distance avec un smartphone : garage, lumière, chauffage, rideaux, etc. À l'exception des futurs propriétaires nantis et des fans de technologies, quel est véritablement l'intérêt de tout cela, le gain de temps, d'énergie, d'argent ? Car il s'agit bien de cela, les nouveautés technologiques ont émergé et se sont diffusées grâce à ce rapport coût d'achat et gains dans le quotidien.

Le projet *Hut*, pour *Human at home*[56], a débuté en 2018 et doit durer 3 ans. Deux étudiants habitent cet appartement bardé de capteurs et financé par des laboratoires privés et universitaires à Montpellier en France. L'objectif est de s'interroger sur les usages des objets connectés, de l'intelligence artificielle à la maison et sur la protection des données. Sommes-nous prêts à accepter de parler à notre porte pour qu'elle s'ouvre ? Si on a les bras chargés de paquets, pourquoi pas en effet. Avec 16 capteurs

---

[56] https://hut.edu.umontpellier.fr

au m^2, l'appartement en question permet de suivre à la trace les occupants dans leurs déplacements, leurs mouvements, leur hygiène de vie, leur consommation électrique, etc. 60 chercheurs récolteront les données pour les analyser. Des architectes, des informaticiens, des roboticiens, des linguistes, des médecins, des sociologues sont intéressés par ces usages. Il s'agit de savoir comment on agit et réagit avec des machines qui parlent, qui proposent, qui décident, qui mouchardent aussi. L'intelligence artificielle peut-elle nous rendre des services ou nous entraver ? La maison connectée, c'est aussi la possibilité de contrôler la qualité de l'air intérieur, la consommation énergétique et de recevoir automatiquement des recommandations : aérer la maison, baisser d'un degré la température. Des conseils de santé publique qui semblent de bon sens pourraient devenir des injonctions désagréables. Imaginez qu'une porte de placard ne s'ouvre pas parce que s'y trouve un aliment inscrit sur une liste noire, par vous… ou quelqu'un d'autre. On est ici dans une perspective à au moins 10 ans.

Je pense que ma maison sera ce qu'elle est aujourd'hui et aucune prévision d'amélioration spectaculaire n'est prévue. Même les robots tondeurs et les robots aspirateurs ne sont pas prévus, vu leurs limites d'usage et compte tenu de leur prix. Lorsqu'ils seront vraiment polyvalents, intelligents et très bon marché, nous verrons.

1.2.3. Ma ville, mon village

Les défis de la ville du futur sont nombreux : le refroidissement, créer un habitat passif végétalisé, la maîtrise de l'eau, l'approvisionnement en énergie, l'aide du numérique. Le numérique permet une utilisation intelligente et croisée des données pour optimiser les infrastructures. Il gère au mieux les sources d'énergie, procède à des mélanges énergétiques et permet d'échanger les sources de chaleur entre différents bâtiments en fonction de leurs usages. On peut encore économiser et mutualiser les infrastructures. Croiser les données relatives aux places disponibles des parkings permet d'en économiser les implantations. Le développement du télétravail devrait à terme réduire la pression sur les réseaux de transport, diminuer l'usage de la voiture et donc les émissions de gaz à effet de serre.

J'ai assisté ces dernières années à une modification de l'aspect d'une petite ville (200.000 habitants) proche de mon village. Elle est très nettement plus aérée, relativement moins polluée, plutôt propre et sécurisée. L'infrastructure de mon village (5.000 habitants) s'améliore sans cesse et chacun peut y trouver des activités selon ses envies et besoins. Le dynamisme festif y est important. Tout ou quasi tout y est accessible à pied. Les points noirs concernent plutôt les incivilités, notamment au niveau de déchets. Par ailleurs, on a vu fleurir un panneau : « défense de nourrir les nuisibles, sous peine d'amende ». La défense aérienne veille afin que les oiseaux n'envahissent pas le ciel ! La nature perd chaque jour ses droits. Je ne m'attends pas à une modification importante de ces conditions de vie dans les prochaines années. Malheureusement, les zones construites et donc bétonnées prennent de l'extension, l'essentiel se situant au niveau de la construction d'appartements. Il y a des bus, un chemin de fer et un accès autoroutier. L'accès à des lieux de travail ne pose donc pas de problèmes. Les humains s'y sentent bien, la nature, je ne sais pas.

1.2.4. Mes voisins

La vie dans un village aide les choses. Il n'est pas rare de voir des gens se parler lors de promenade ou de courses, la sortie avec des chiens facilitant les choses. Beaucoup de personnes se connaissent et se saluent, même les plus timides. Ici non plus, je n'imagine pas de grands changements dans les prochaines années. Le numérique n'empêche en rien des contacts de proximité et des fêtes entre voisins, ni les ragots d'ailleurs. Les jeunes se retrouvent peut-être plutôt dans les villes voisines. La notion d'entraide existe, dans certaines limites bien entendu. La voiture individuelle supprime en partie la notion de distance. Les amis ne sont plus des voisins. Il n'est d'ailleurs pas rare que des couples se forment à des distances considérables.

1.2.5. Ma sécurité

L'insécurité est à la mode ; c'est aussi un fait depuis toujours. Depuis le début du XXe siècle, trois périodes ont vu ce thème dominer le débat public, avec, à chaque fois, des figures de dangerosité associées, surtout les bandes de jeunes. Durant les années 1905-1910, les « Apaches » cristallisaient les peurs et incarnaient cette dangerosité supposée. Au tournant des années 1950-1960, c'était celle des « blousons noirs ». Et, depuis le début des années 1990, celle des « jeunes des cités ». À chacun de ces trois moments, le débat sur l'insécurité s'est installé. Les enquêtes montrent que le sentiment d'insécurité exprime autre chose que la seule expérience de la violence ou de la victimisation. Il exprime d'abord une vulnérabilité. La peur est ainsi liée à l'âge (les personnes âgées), au sexe (les femmes) et au niveau social (la précarité). Par ailleurs, les enquêtes indiquent que, s'agissant de leur quartier, la peur est alimentée par ce qui leur apparaît comme des signes extérieurs de désordre et d'abandon : le bruit, la saleté, les tags, les dégradations, les incivilités, ensuite les regroupements de jeunes et la présence de drogue. La peur est ainsi plus forte chez les habitants des quartiers populaires, où sont concentrés ces signes (les cités).

Mon sentiment de vulnérabilité augmente avec mon âge, mais repose-t-il sur des faits ? Non, les signes concrets n'existent qu'à travers les médias ou « on m'a dit que ». Cela ne veut évidemment pas dire qu'il n'y a pas de délinquance, ni de criminalité, mais ces phénomènes restent concentrés et finalement assez marginaux, en tout cas pour les plus graves d'entre eux. L'insécurité est également une composante de l'anonymat et de la solitude. En parallèle existe une délinquance d'exclusion. On ne règle plus des petits litiges soi-même, on passe par la police et la justice. Un processus de ghettoïsation touche en particulier certains territoires bien particuliers qui concentrent une délinquance d'exclusion liée à l'absence d'insertion socio-économique d'une partie de la jeunesse.

Si je n'ai pas de sentiment particulier d'insécurité dans mon village, j'évite d'aller la nuit dans certains quartiers de la ville voisine. Cela ne devrait pas changer dans les prochaines années.

1.2.6. Mes contacts humains

Chacun a les contacts humains auxquels il aspire et qu'il organise. Pas de démarche, pas de contact ! Nous ne pouvons avoir de contacts que parcellaires et avec l'une ou l'autre personne, sinon dans des rassemblements particuliers (festivals, concerts, lieux d'apprentissage, etc.). Même dans ces lieux, les contacts par les réseaux sociaux sont supérieurs aux physiques. À la sortie d'une école, j'ai vu des jeunes envoyer des SMS à des copains à côté d'eux. Pour certaines personnes plutôt isolées ou trop timides, ce réseau social est le plus souvent bénéfique. Cela n'a pas fait partie de mon éducation et je ne les utilise que très parcimonieusement. Mes contacts sont choisis et se passent dans la vraie vie, ce qui facilite et complique les choses. Cela les facilite, car on garde un contrôle sur l'échange notamment via les expressions faciales et les postures (c'est possible aussi en numérique), et cela les complique parce que l'anonymat permet l'expression de rumeurs, de sentiments négatifs et globalement une expression peut-être plus sincère. On se permet au GSM et sur un réseau social numérique ce qu'on ne se permettrait pas *de visu*.

Je n'imagine pas que mes contacts vont changer dans les prochaines années, ni que j'utiliserai plus les réseaux sociaux. Les réseaux sociaux évoqués plus haut (*Amino Apps*, par exemple) rassemblant des communautés portées par le même intérêt pourraient me faire changer d'avis.

1.2.7. Mes déplacements

On prend sa voiture individuelle et toutes sortes de moyens collectifs de déplacement, ceux qu'on connaît : bus, avion, etc. Le diesel est décrié, vive l'essence. L'essence se raréfiera un jour ou deviendra trop chère, vive l'électricité et bien sûr le mode hybride. Les voitures électriques ou à hydrogène existent, mais à quel prix ou pour quelle efficacité ? Le prix des voitures électriques descend sans cesse et elles deviendront accessibles à pas mal de monde dans peu de temps. C'est étonnant à quel point elles ressemblent à nos voitures actuelles (voir par exemple, la VW e-up). Si elles paraissent au point et moins toxiques pour l'environnement[57], cela ne change rien au mode de transport plutôt individuel que collectif. Des voitures sans chauffeur existent également, ainsi que des trains ou bus autonomes. Ils sont à l'essai dans de très nombreuses villes dans le monde. Il semblerait que pas moins de 10 millions de véhicules autonomes seront sur les routes d'ici 2020. Les voitures autonomes et connectées ont été conçues pour éviter les erreurs humaines. Le programme intégré permet notamment de réduire le temps de réaction en cas d'obstacle et de freiner plus rapidement. Elles fournissent également de nombreuses informations concernant le délai de changement des feux par exemple, ou encore la distance à prendre par rapport aux autres véhicules. Le risque d'accident sera ainsi considérablement réduit. Le prix à payer, en dehors du coût financier, se situe au niveau de la connectivité, de cyberattaques et de l'utilisation des données collectées sur chacun de nous. Mais on peut dire la même chose de tout outil numérique.

Bref, dans les prochaines années, je garde ma voiture, mais si je devais en changer, je ne verrais aucun inconvénient, si le prix est accessible, de me procurer une voiture électrique autonome. Mais cet usage vraiment privé n'est pas prévu avant quelques années.

1.2.8. Ma santé

La médecine a fait d'indéniables progrès en termes de diagnostic et de soin. J'ai connu l'époque des rayons X, puis des scanners, des échographies, puis des IRM et encore tomographies en radiographie médicale. Pour un avenir proche, la biophotonique (imagerie biologique) paraît prometteuse dans des domaines particuliers de diagnostic et de traitement, notamment en ophtalmologie.

---

[57] On ne se pose guère la question du recyclage des batteries.

En ce qui me concerne, rien ne laisse imaginer que je vais assister prochainement à des avancées techniques spectaculaires ? C'est pareil pour les soins pharmacologiques. De nouveaux projets sont difficiles à trouver et les recherches bloquent quelque peu. Thérapies géniques et thérapies cellulaires ne sont pas encore réellement au point. Cela viendra, mais pas dans un avenir proche. Les cibles restent celles de pathologies particulières comme le cancer, les maladies neurodégénératives, les maladies métaboliques (diabète, obésité) ou encore les maladies immuno-infectieuses.

1.2.9. Mon travail de psy

Le futur de la profession va dépendre de trois aspects :

- La modification de la clientèle. Les clients seront à la fois semblables et différents. Nous traitons des personnes âgées, mais nous en aurons bien plus et de plus en plus âgées. Nous avons des personnes amputées ou disposant d'orthèses et de prothèses, mais nous aurons des cyborgs plus ou moins recomposés.
- La modification des pathologies. Nous avons des déprimés, mais nous en aurons de plus en plus pour les mêmes raisons biochimiques traditionnelles, mais surtout pour des inadaptations à un environnement qui changent trop vite et dont la technologie échappe. Les troubles de la personnalité exploseront au détriment des psychoses, en voie de disparition grâce aux manipulations génétiques et pharmacologiques.
- La modification du cadre. Les consultations se feront de moins en moins dans un cabinet et de plus en plus dans le cadre de vie des personnes, comme le domicile, le lieu de travail, le bus, la rue (*walking therapy*), etc.
- La modification des techniques d'aide. Désormais, les psychologues peuvent être consultés par webcam, par mail, par téléphone, par *tchat*. Le smartphone sera l'outil privilégié, peut-être aussi la Webcam. Les fonctions vont du soutien à la psychothérapie, en passant par l'orientation, le conseil et le coaching. Ce recours à ces outils de communication s'accompagne de formes d'intervention

relativement inédites. Le psychologue s'octroie une position davantage proactive dans la relation avec leur patient, accompagnée d'une liberté d'expression et d'opinion personnelle. Le diagnostic assisté (de la dépression par exemple par un *SimSensei*) pourra se faire à distance et des jeux vidéos seront adaptés à des traitements (*Sparx* de l'Université d'Auckland) ou encore la réalité virtuelle permettra de traiter certaines phobies voire la schizophrénie.

Les robots psychologues existent. *Ellie* a été créée à Los Angeles à la demande de l'armée américaine pour réaliser des diagnostics de dépression des vétérans d'Irak et d'Afghanistan, au vu d'un nombre très élevé de suicides. Il est désormais possible d'avoir recours à un robot psychologue développé par Facebook, accessible en permanence. Les questions du robot se révèlent précises : elles portent sur les rêves du patient, ses aspirations et s'intéressent à ce qu'il fait durant sa journée et sur les humeurs suscitées par les activités sur le patient. À partir de ces données, le robot propose des stratégies pour aller mieux à l'aide de vidéos, textes ou images.

1.2.10. Mes loisirs

Les loisirs du futur seront certainement des films, des livres (numériques), des concerts ou des jeux vidéos augmentés, c'est-à-dire qui ne se contenteront plus de livrer une image, un son ou un moment d'imagination, mais qui tâcheront de pousser plus loin l'expérience, d'y associer d'autres dimensions, d'autres sens (par exemple, ce skateboard contrôlé par la pensée). L'utilisateur devient acteur et modifie le cours des événements du jeu, comme dans le *Hidden agenda* de Supermassive Games. Des ingénieurs ont conçu des instruments de musique digitaux qui enregistrent vos mouvements et y associent des sons. Lorsque vous bougez, vous pouvez ainsi créer une mélodie, qui s'ajoute à celle que créent vos amis autour de vous, pour *in fine* générer une immense symphonie collaborative.

Demain, peut-être irez-vous voir un film 3D olfactif au cinéma, après votre séance de sport (virtuelle) à 3.500 m d'altitude et pendant que vos plantes décident de s'arroser toutes seules ! Une fois de retour à la maison, vous lirez un livre plongé dans la réalité virtuelle, tout en écoutant votre petit dernier jouer du violon piézoélectrique.

1.2.11. Ma société

« Il va falloir à la fois sortir des combustibles fossiles, stabiliser le climat et protéger l'environnement. Nous sommes là dans un changement civilisationnel profond. Et comme à chaque changement de civilisation, nous connaissons ce qui est derrière nous et pas ce qui est devant. »[58] L'auteur y décrit bien les nouveaux paradigmes qui seront nécessaires pour permettre la survie de l'espèce humaine. Émergent déjà l'érosion de la protection sociale, la croissance des inégalités, la montée du chômage ou son substitut les contrats très partiels qui divise notre société, avec en corollaire l'identification fallacieuse des responsables par les politiciens néolibéraux et certains autres : « les fainéants sociaux ». Cette situation génère fragilité et crainte de l'avenir. Dans un contexte d'angoisse apparaissent deux risques : le repli sur soi (recherche du bien-être pour soi tout seul) et la désignation de boucs émissaires (les migrants pour le moment, mais aussi les politiciens). L'autorité des États s'affaiblit progressivement. Ils sont devenus incapables de gérer le vivre ensemble, occupés qu'ils sont par leur enrichissement personnel et par la redistribution des miettes fiscales.

1.2.12. Mon pays et ses gouvernements

La réduction des inégalités reste la condition de la cohésion sociale et de la stabilité d'un pays. Pour y arriver, une participation citoyenne devient nécessaire et non une pseudo-démocratie basée sur les manipulations. La démocration se co-construit, entre des représentants des citoyens concernés à différents niveaux (votations, référendums). La méfiance

[58] http://www.etopia.be/spip.php?article2295 (Pierre Radanne : Intervention introductive à l'Assemblée générale d'Ecolo adoptant le « Manifeste politique », le 23 juin 2013).

actuelle à l'égard des politiques sera levée si les citoyens se sentent concernés par les politiques menées (éducation citoyenne). L'intérêt général, planétaire, n'est pas l'addition des intérêts des États. Il faut envisager des intérêts supranationaux. Le changement climatique en est le meilleur exemple actuel, car il constitue la première question à solidarité obligatoire de l'humanité tout entière à l'égard des générations futures. Elle va devoir être résolue par l'ensemble des pays, au-delà les inégalités de développement héritées de l'histoire.

Après les guerres mondiales du XXe siècle, le but commun de l'humanité a été l'exploitation des richesses afin de favoriser l'accès à la consommation de biens culturels, celle de biens pour réduire la pénibilité de la vie, l'amélioration des soins de santé et surtout la croissance des biens de consommation éphémères et futiles. A-t-on vraiment besoin de gros SUV puissants dans des villes surpeuplées et polluées ? Il est vrai que la nature de la consommation visuelle (la possession de biens) donne une idée de la puissance et de la richesse de la personne. Cela participe à son identité. Pour le XXIe siècle, il nous faut donc réfléchir à de nouvelles sources de satisfaction pour les individus citoyens.[59] On peut commencer par valoriser les personnes dans leur singularité culturelle, leur participation à la vie de la société, leur formation tout au long de la vie et la maîtrise par chacun du temps dans sa vie. Il y a enfin une nécessité d'améliorer des comportements individuels au travers d'une vie probablement plus sobre et dans un cadre plus démocratique, au sens d'une meilleure acceptation par les personnes. La possession d'objets ne suffit plus, la jouissance de ce qui nous entoure est une autre voie. Souvent, l'objet acquis est mis de côté, le cadeau reçu immédiatement revendu sur *ebay*, les voitures et autres biens changés dans leur temps de fonctionnement optimal. Cette rage consommatrice peut être remplacée par une vie plus lente, avec maîtrise du temps, un accent mis sur la qualité plutôt que la quantité, le respect des formes de vie, y compris celle des autres habitants de la planète.

---

[59] Lire l'essai intéressant de Erich Fromm de 2004 : « Avoir ou être ? », Chez Laffont d'autant plus qu'il s'agit d'une réédition de 1976.

« Au fond, vous avez deux transitions : une pour la société et une pour chaque personne, avec des équilibres différents d'une personne à l'autre. Il faut trouver des mots pour la société postconsommation et ses excès. Je propose que l'on s'inscrive dans une société relationnelle. La seule formulation que j'ai trouvée pour le moment, c'est une société relationnelle. Les sources de richesse dans le futur seront la relation à l'autre. Le lien social, la connaissance, la culture sont des infinis. Il faut donc que l'on enrichisse la vie des gens à travers une visibilité de ce qui est supportable par la planète et qui permet en même temps de les satisfaire. » (Radanne, *op. cit.)*

Conclusion

Nous savons bien tous que nous arrivons devant un mur, comme à d'autres époques de l'histoire humaine. Nos sociétés occidentales et dorénavant les autres également sont bâties sur la possession, l'avoir d'objets plus ou moins inutiles pour rendre notre vie plus sûre et plus agréable. Nous nous épuisons à travailler pour des objets à l'espérance d'usage de plus plus en plus courte. Se sont ainsi développés deux marchés parallèles : les produits exclusifs et rares contentent les plus riches et les autres les plus pauvres. Par exemple, les smartphones ont un taux de pénétration dans le grand public très important, les constructeurs se concentrent dorénavant sur la niche moyenne, avec des hauts de gamme chers, mais accessibles. Chaque année voit ainsi de nouveaux produits favoriser l'assaut de magasins : les appartements de luxe partagés, les bateaux partagés, les drones, les tablettes, les smartphones, les ordinateurs, etc. Tout cela permet de mettre en avant les capacités de chacun de se créer une nouvelle identité se rapprochant de celle des personnes aux moyens illimités. Après tout nos milliardaires ne font rien de plus que nous : téléphoner, utiliser un ordinateur, vivre en appartement, utiliser un bateau, etc. C'est un peu la vie rêvée, souvent à crédit. Cela crée de la satisfaction, du bien-être. Dans ce sens, les nouvelles technologies conservent une plus-value. Mais ces 50 dernières années n'ont vu apparaître que des améliorations d'applications existant déjà, surtout grâce au numérique. Quant aux applications matérielles, c'est-à-dire les robots, on reste loin des espoirs de certains, ou de leur crainte, sauf dans les matières industrielles et donc environnementales. Là, on peut espérer de réels progrès dans la lutte contre les pollutions notamment.

2. SCÉNARIO 2 : DYSTOPIE

On connaît beaucoup de dystopies surtout au cinéma ou dans les livres. Les plus célèbres sont probablement :

Nous autres de Levgueni Zamiatine (1920) décrit l'État unique totalitaire qui prétend régir toutes les activités humaines et faire le bonheur des hommes au détriment de leurs libertés individuelles.

Le meilleur des mondes d'Aldous Hyxley (1932) décrit une société en 2500 où la génétique permet la création d'individus apparentés classés dans 5 castes, de la plus intelligente à la plus stupide. Impossible d'échapper à sa condition et de s'engager vers les sentiments, vers l'art, vers une autre vie. C'est une dictature parfaite, une dictature qui aurait les apparences de la démocratie, une prison sans murs dont les prisonniers ne songeraient pas à s'évader. Un système d'esclavagisme où, grâce à la consommation et au divertissement, les esclaves apprécieraient leur servitude.

1984 de Georges Owell (1949) divise la Terre en trois grands états : l'Océania, l'Estasia et l'Eurasia, perpétuellement en guerre les uns contre les autres. Ils se disputent la possession d'un quatrième territoire, composé d'esclaves. Divisés en trois classes, dominées par un gouvernant omniprésent et omnipotent, le fameux *Big Brother*, les hommes d'Océania vivent sous surveillance permanente. Obligés de suivre en tout point les lois du Parti, l'Angsoc, ils doivent respecter l'autorité de quatre ministères : le ministère de la Vérité, chargé de falsifier l'histoire, le ministère de l'Abondance qui crée des pénuries programmées, le ministère la Paix, qui s'occupe de la guerre et enfin le ministère de l'Amour, qui utilise la terrifiante police de la pensée. *Fahrenheit 451* de Ray Bradbury (1953) montre des pompiers qui brûlent tous les livres et livrent une lutte acharnée contre ces citoyens qui tentent tant bien que mal de préserver la littérature quitte à l'apprendre par coeur.

Le travail de furet de Jean-Pierre Andrevon (2004) s'effectue dans une gigantesque mégapole, Centrum, qui souffre de trois maux : la montée des eaux, la pénurie de tout et la surpopulation. C'est pourquoi, chaque année, 400.000 citoyens, tirés au sort par l'ordinateur Atropos, sont éliminés au cours de ce qu'on appelle le Contrôle égalitaire par un corps de police spécial, les Furets.

Beaucoup de ces essais ont été écrits durant des périodes de guerre, y compris la guerre froide, et de dictature. Ils mettent en scène des sociétés plus ou moins surpeuplées et sous un contrôle absolu. Ce contrôle concerne les fonctions sociales, mais surtout les naissances et la mort.

Philip K. Dick écrit *Les androïdes rêvent-ils de moutons électriques ?* en 1966 (film *Blade runner*). En 1992, les Terriens ont émigré vers Mars, mais il reste sur Terre des villes glauques et surpeuplées. Des androïdes servent les humains sur Mars, mais sont interdits sur Terre, où un chasseur de prime les pourchasse.

Walter Tevis écrit *L'oiseau d'Amérique* en 1980. Dans cette société future, les robots pourvoient au bonheur de l'Homme en lui fournissant tout ce dont il a besoin : nourriture, confort, sexe et drogues et en gérant toutes les facettes de l'humanité jusqu'au contrôle des naissances. Pourtant, cette fable raconte une histoire d'amour et interroge les valeurs de l'humanité.

Dans ces deux derniers exemples, l'interrogation concerne la qualité d'être humain. La notion d'empathie est privilégiée, les robots en étant dénués, quoique Rachel, ce robot de dernière génération dans le livre de Philip Dick, ou Spofforth de Walter Tevis, sont montrés avec un côté très humain.

On y retrouve quelques caractéristiques générales :

1. Le monde dystopique est quasi toujours noir et surpeuplé, parfois très violent.
2. L'élite de l'humanité a émigré sur d'autres planètes.
3. La dictature est absolue.
4. Une technologie futuriste est présente, surtout pour le contrôle des populations, mais les robots discrets.
5. Robots et humains peuvent parfois être confondus.

2.1. DYSTOPIES EN GERME

Nous vivons une drôle d'époque. On perçoit l'amélioration des conditions de vie d'une bonne partie de l'humanité. Les technologies nécessitent de reculer les frontières de la pénibilité du travail manuel. La médecine s'exporte dans le plus petit village reculé d'un pays du bout du monde. Les guerres et conflits existent, mais restent relativement circonscrits. En parallèle, l'inquiétude générale du monde entier n'a cessé d'augmenter à propos d'ailleurs de ces mêmes sujets évoqués. La première question qui nous taraude est celle de l'avenir de l'humanité. Serons-nous toujours là d'ici quelques décennies si tout le Pôle Nord fond et si les catastrophes climatiques s'enchaînent ? L'être humain restera-t-il égal à lui-même, cet être extraordinaire de complexité, d'intelligence et d'inventivité et en même temps de puissance destructrice ?

2.1.1. Le posthumanisme

Le posthumanisme est un courant de pensée de la fin du XXe siècle qui traite du rapport de l'humain à la machine et du changement radical et inéluctable que cette relation a générés ou risque de provoquer à l'avenir. La naissance du phénomène des clones, des robots, cyborgs et autres organes artificiels, conduit naturellement au constat suivant : la science-fiction d'hier devient notre réalité d'aujourd'hui et on se demande déjà comment préserver une définition de l'humain. Il y a ceux que les machines fascinent, avec comme corollaire la lassitude d'être uniquement humain, avec tous ses excès que nous connaissons. D'autres, au nom d'idéaux humanistes, refusent les progrès techniques. Pourtant, n'ont-ils pas cru que la liberté humaine consistait à s'arracher à la nature, ce que la technique permet effectivement d'obtenir. Les métaphysiciens de toujours souhaitent que l'Esprit triomphe de la Nature. Les visionnaires d'aujourd'hui, proclamant l'avènement du posthumain, annoncent la réalisation concrète de cette ambition. Grâce à son ingéniosité, l'homme n'aura bientôt plus le souci de naître : il s'autoproduira. Il ne connaîtra plus la maladie : des nanorobots le répareront en permanence. Il ne mourra plus, sauf à effacer volontairement le contenu téléchargé de sa conscience. Mais comment survivrons-nous dans ce monde-là ?[60]

2.1.2. Le transhumanisme, encore lui

Si les posthumanistes sont Européens, les transhumanistes sont Américains. Nous y revenons avec une note moins optimiste que dans la partie précédente. Google n'est pas une firme philanthropique. Il fréquente assidument la cour des grands de ce monde. Ses dirigeants ont été reçus 230 fois sous le gouvernement Obama. Ils ont fourni des renseignements sur des quidams, mais aussi sur des membres de WikiLeaks. Il paraît compliqué de penser qu'une idéologie sécuritaire explique à elle seule l'extension de l'ombre de *Big Brother* sur le monde. Les géants du numérique du secteur privé (GAFA : Google, Amazon, Facebook, Apple) participent largement à la manœuvre, plus ou moins volontairement et essentiellement pour des raisons économiques. En réalité, c'est l'infiltration du capitalisme sauvage qu'on perçoit dans le dessein transhumaniste. Derrière le slogan de l'homme augmenté, on discerne une humanité clivée entre une hyperclasse capable de se payer l'immortalité et la surhumanité, et le reste de la population mondiale, qualifiée de chimpanzés du futur par le cybernéticien britannique Kevin Warwick[61].

---

[60] http://www.histophilo.com/post-humanisme.php

[61] Warwick K. (2002) *I, cyborg*. University of Illinois Press. Et : http://www.kevinwarwick.com

Il y a déjà 2 internet, un façonné par Google et un par Dragonfly (Chine) qui permet une censure facilitée et une surveillance active des citoyens.[62]

2.1.3. Un seul ou trois avenirs ?

Si les posthumains bénéficieront de tous les progrès scientifiques et technologiques, ils seront peu nombreux, quelques dizaines ou centaines de millions par rapport aux milliards d'humains ordinaires relégués dans leurs niches traditionnelles. Ils seront inévitablement conduits à s'isoler dans des espaces protégés, reléguant les autres dans des zones urbaines de non-droit. Cette tendance est déjà plus que visible. Le mouvement a surtout intéressé, jusqu'à présent, les élites intellectuelles. Beaucoup y ont vu une façon de marquer leur différence et leur droit à l'hégémonie sur le reste de l'humanité. On peut à cet égard évoquer sans peine un scénario peu réjouissant. Très vite, les posthumains de l'Amérique du Nord et d'une petite partie de l'Europe affirmeront qu'eux seuls détiennent les valeurs d'avenir de l'humanité. Les humains seront en fait répartis en trois groupes distincts, les posthumains, les humains et les non-humains. Par ce terme effrayant de non-humains, on désignera notamment les terroristes et fanatiques de tous bords enfermés dans des mythologies d'un autre âge. Quant aux humains, c'est-à-dire les populations immenses et diversifiées situées entre ces extrêmes, ils serviront d'après cette vision du monde de réservoirs de main-d'œuvre pour quelques reliquats de travail ou de boucliers aux belligérants. Tout peut laisser craindre alors que ce scénario ne soit celui de la catastrophe globale. Les posthumains, malgré les ressources technologiques dont ils disposeront, ne pourront pas gouverner et faire progresser une Terre soumise à des conflits de civilisations capables de détruire toute organisation, aussi savante soit-elle. Ce scénario de science-fiction est-il plausible ? [63]

---

[62] A voir sur iatranshumanisme.com

[63] Trottein S. (2006) *Le post-humanisme de Nietzsche : réflexions sur un trait d'union*. Noesis, pp. 289-300.

2.1.4. Le cyborg, un nouvel humain

La base des progrès technologiques concerne notamment les cyborgs. Le développement convergent des nanotechnologies, des biotechnologies et des cybertechnologies laisse prévoir des avancées importantes dans les années futures. Le cyborg est une fusion de l'homme et de la machine, et aussi une tentative de reproduction du fonctionnement du cerveau humain à l'intérieur d'une machine (terminator, robocop, etc.). Dans ces deux cas, il s'agit d'une véritable intrusion de l'univers mécanique et numérique à l'intérieur de la chair et de l'esprit. Ils représentent une menace sur la nature même de l'humanité dans la mesure où ils pourraient modifier notre rapport aux autres et au monde. Nos perceptions, nos sentiments, notre expérience charnelle de la réalité à travers nos sens seraient susceptibles d'être profondément transformés. Si cette interface homme/machine semble enthousiasmer les partisans les plus radicaux de l'ère digitale, il suscite l'appréhension d'une très grande part de nos contemporains. La question est de savoir si l'anthropo-technologie du futur ira jusqu'à une planification explicite des caractères génétiques, si l'humanité dans son entier sera capable de passer du fatalisme de la naissance à une naissance choisie et à la sélection prénatale. Ces questions encore floues inquiètent à l'aube de changements pressentis.[64]

2.2. IMPACTS NÉGATIFS SUR MA VIE FUTURE

2.2.1. Ma famille

Dans le premier scénario, l'évolution de la famille avait des avantages, notamment sur le plan de la liberté individuelle et de la réalisation de soi. Comme pour le travail, certains et certaines se sont spécialisé(e)s dans la recherche du boulot idéal ou du conjoint idéal. Cette quête ne s'arrête pas toujours. Ma petite fille

---

[64] L'armée américaine (DARPA) travaille sur cet implant d'une puce dans le cerveau qui relierait les soldats aux ordinateurs et augmenterait leurs capacités (22 janvier 2016) : https://www.lemondeinformatique.fr/actualites/lire-l-armee-americaine-veut-creer-des-soldats-cyborgs-63680.html

fera peut-être partie de la génération Z, avec ses avantages et ses inconvénients. C'est la génération des zappeurs, des égo-centriques, des connectés, des impatients, des impulsifs. À côté de cela, elle sera ouverte au monde entier, ambitieuse et bien sûr férue de technologies. La jeunesse n'a évidemment pas de frontières même si une partie de la jeunesse immigrée de deuxième et troisième génération a créé des entreprises illégales et des zones de non-droits dans les villes grandes et moyennes. C'est à la fois logique et déviant par rapport à une morale établie dans certaines couches plus nanties de la population. La place des vieux dans cette société est précaire, le nombre de maisons de repos se multiplie, mais à plusieurs vitesses. Il y en a de très jolies dans les bois à plus de 4.000 euros le mois et celles gérées par les pouvoirs publics, moins jolies en zones urbaines, à moins de la moitié de ce prix. Environ 1 personne âgée sur 6 a été victime de maltraitance dans son environnement au cours de l'année dernière. Les taux de maltraitance des personnes âgées sont élevés dans les institutions telles que les maisons de retraite et les établissements de soins de longue durée, 2 membres du personnel sur 3 reconnaissant avoir commis un acte de maltraitance au cours de l'année écoulée. On sait que la maltraitance des personnes âgées peut entraîner de graves traumatismes physiques et avoir des conséquences psychologiques importantes. Il s'agit d'un problème qui risque de s'accroître compte tenu du vieillissement rapide de la population dans de nombreux pays. Le nombre des plus de 60 ans dans le monde devrait au moins doubler, passant de 900 millions en 2015 à quelque 2 milliards en 2050.[65]
Si le moment arrive, que la nécessité se fait loi, que préférerai-je : être aidé par un personnel insuffisant, épuisé et maltraitant ou un robot aux gestes automatisés ?

2.2.2. Ma maison

Si ma maison ne changera pas fondamementalement dans les prochaines années, il est possible qu'elle dispose de quelques objets connectés supplémentaires. Plus il y en aura, plus nous

---

65 http://www.who.int/fr/news-room/fact-sheets/detail/elder-abuse

communiquerons à distance avec eux et plus le risque de piratage et de prise de contrôle existera. La protection est actuellement liée à l'intrusion d'individus, elle le sera en rapport avec le piratage informatique. Les experts du magazine des consommateurs Test Achats[66] ont installé 19 appareils intelligents populaires dans une maison : un réfrigérateur, un système d'alarme, un thermostat, une imprimante, une tablette pour enfants, une serrure de porte, un haut-parleur, ou encore un aspirateur-robot, et ont ensuite engagé deux hackers éthiques de l'entreprise anglaise *SureCloud* spécialisée en cyber sécurité. La mission des hackers était claire et précise : ils avaient 5 jours pour pirater autant d'appareils que possible. Mission accomplie puisque près de la moitié des appareils présentaient un manque de sécurité permettant ainsi de prendre le contrôle de l'appareil ou d'intercepter les données envoyées.[67]

2.2.3. Ma ville, mon village

Les villes dystopiques font l'objet de nombreux ouvrages de science-fiction. Ce sont surtout des tours immenses, tout en verre, où l'intimité n'existe pas et le contrôle étatique absolu (*Nous autres*). À l'inverse, ce sont des strates souterraines, peuplées de classes sociales qui ne se mélangent pas (*Silo*). En parallèle, on imagine une surpopulation grouillante couvrant des quartiers peu éclairés,, sinon par des écrans publicitaires criards (*Blade runners*). Sans aller jusque-là, la population mondiale augmentant, les mégalopoles (espace réunissant plusieurs zones urbaines) et les mégapoles (agglomérations de plus de 10 millions d'habitants) s'étendent. Il y a 3 mégalopoles dans le monde : l'axe Boston-Whashington, la dorsale européenne et l'axe Tokyo-Kobe. Les mégapoles actuelles sont très nombreuses : Tokyo, Delhi, Shanghai, etc. 53 % de la population mondiale vivent dans une ville et ils seront 68 % en 2050. Tout cela fait rêver ou cauchemarder, mais, dans un avenir proche, je ne verrai rien dans le changement. La ville de Tokyo est passée

---

[66] www.test-achat.be

[67] https://www.test-achats.be/action/espace-presse/communiques-de-presse/2018/hackable-home

de 6,7 millions d'habitants en 1950 à près de 14 millions actuellement. Les routes relient dorénavant la plupart d'anciens villages pour ne faire que des agglomérations de plus en plus étendues. Cela n'aura cependant aucune incidence sur ma vie actuelle dans mon village de 5.000 habitants au sud-est de la Belgique.

2.2.4. Mes voisins

Cela dépend où on habite. Certains quartiers avec des HLM, certaines zones urbaines, certaines configurations géographiques empêchent les contacts, les rendent malaisés ou difficiles à cause d'une méfiance permanente et d'une délinquance aggravée. Les habitats groupés (maison de repos et même immeubles à appartements) ne favorisent pas nécessairement les contacts sociaux, alors que les voisins sont très proches. La promiscuité est un facteur négatif de cohabitation : plus il y a du monde sur une surface donnée et plus le risque de conflits existe.

2.2.5. Ma sécurité

Avec le vieillissement, le sentiment d'insécurité augmente. Le risque d'abus et de maltraitance des personnes âgées existe bien. Les statistiques cachent une réalité encore plus importante, ou bien les chiffres ne font que mettre en avant des situations marginales. Difficile de le savoir. Vivre en ville, avoir de nombreux loisirs, fréquenter des inconnus comme le favorisent les sites de rencontre via Internet constituent des facteurs de risque qu'on prend ou non. Les zones urbaines abandonnées, comme aux États-Unis après la crise de 2008 (Detroit), les camps de réfugiés organisés en Europe (véritables ghettos) favoriseront une forme de délinquance liée au trafic de drogues, notamment, mais aussi à la lutte pour le pouvoir territorial et, tout simplement, pour la survie, dans des conditions si précaires de vie.

2.2.6. Mes contacts humains

La surpopulation et la massification des populations dans des zones urbaines devraient engendrer plus de difficultés de déplacement, et donc permettre l'augmentation des communications numériques, telles que nous les connaissons, mais d'autres aussi. Un hologramme est la projection d'images en 2D ou 3D. On en parle, on ne les voit qu'à petites échelles dans des foires. Les effets ces dernières années, notamment d'un candidat à la présidence de la République française en 2016 (présence dans 7 endroits de meeting) n'est qu'un effet Pepper. Pour réaliser son septuple meeting, le candidat est filmé par une caméra à Dijon. Les images en 2D sont retransmises en direct dans les six autres salles, sur un écran situé non pas en face du public, mais sur le sol de la scène. L'illusion d'optique vient d'un plan incliné transparent - en verre ou en plexiglas par exemple - positionné à un angle de 45° par rapport à l'écran, sur lequel vient se refléter l'image. Les casques de réalité virtuelle commencent à se vendre à des prix démocratiques. D.J. Soto, un pasteur américain recrute ses fidèles (*VR church*) en faisant ses discours dans une église vide et ses fidèles et d'autres peuvent s'y balader, mais pas communiquer, dans le sens échanger. Dans nos lieux de vie, aucun changement n'est perceptible dans le temps imparti. Ce sera probablement différent dans quelques dizaines d'années, mais c'est une autre perspective.

2.2.7. Mes déplacements

Si les voitures électriques autonomes se multiplient, le nombre d'usagers potentiels, et d'usages quotidiens pour de petites distances également. Il risque d'y avoir une quantité très importante de véhicules sur des routes, communes pour des voitures à moteur. On lira un livre dans la voiture, mais pour relier deux points, cela risque de prendre très longtemps. Le désengorgement réel ne passera que par le balisage numérique des grands axes, l'amélioration des transports de masse et par le fait de travailler chez soi, ce qui réduira encore les contacts sociaux. Se déplacer restera bien difficile, long et onéreux pour très longtemps encore. Aucun changement n'est prévu pour moi dans les prochaines années sinon l'aggravation des embouteillages aux heures de pointe.

2.2.8. Ma santé

Les actions les plus importantes concerneront probablement le génome. On le manipulera pour supprimer les maladies incurables transmissibles, mais quelles seront les caractéristiques de la génération d'après. Des manipulations génétiques permettront aux parents de choisir les caractéristiques de leur enfant. Il y aura des années à garçons aux yeux bleus et des années à filles aux yeux bruns. L'impression 3D permet la fabrication de prothèses ajustées, et dans le futur d'un organe défaillant.[68] On va assister à des demandes d'augmentation des capacités humaines qui vont créer de nouvelles inégalités. Lorsqu'on a les moyens financiers, la tentation sera grande de vouloir un cœur de sportif de haut niveau qui autorise tous les extrêmes ou un foie tous les excès. L'allongement de l'espérance de vie va continuer, accroissant d'autant la surpopulation mondiale et épuisant encore plus vite les richesses de la Terre. Bracelets, vêtements, balances, brosses à dents, miroirs, tatouages, les objets connectés qui analysent notre santé se multiplieront, ce qui créera probablement un stress permanent chez la personne. Les données ainsi récoltées iront rejoindre les *big data* de nos influenceurs politiques et commerciaux. Je ne prévois aucune modification dans les contacts avec les médecins, même si des machines s'interposent de plus en plus entre eux et moi.

2.2.9. Mon travail de psy

Comme tout le reste (jeux vidéos, films violents avec gentils robots et méchants humains, marché des gènes humains, avortement et marchandisation des fœtus, clonage, élimination du mariage et de la famille, décohésion humaine de l'individu, faux seins d'Angelina Jolie, suppression de la procréation naturelle), on assiste à un véritable émoussement organisé de nos émotions, une caractéristique essentielle de notre humanité. Tout

---

68 https://fr.sputniknews.com/sci_tech/201404031022779030-aux-pays-bas-les-chirurgiens-ont-imprime-un-crane-en-3d-et-l-ont-transplante-sur-une-patiente/

devient banal, y compris l'extrême. L'efficacité est au rendez-vous, en l'infiltrant à tous les niveaux de pouvoirs. Divers groupes politiques prônent la gestion centralisée du monde et de toutes ses ressources, y compris humaines, par un super ordinateur, bien plus démocratique que l'humain dont nous sommes à tout propos priés de retenir à quel point il manque d'objectivité et qu'il est le pire ennemi de la planète. Dans le cas du robot psychologue de Facebook, il ne se contente pas de proposer un certain nombre de stratégies, mais il veut en savoir toujours plus, ce qui crée le risque que le patient oublie qu'il se confie à une machine qui capture des données personnelles et les transfère à des gens pas forcément bien intentionnés. [69] Au contraire d'une relation thérapeutique basée sur la confidentialité, les robots n'indiquent jamais où vont les données collectées. [70] L'Organisation mondiale de la santé annonce qu'elle a intégré une nouvelle maladie à la onzième liste de la classification internationale des maladies (CIM-11) en mai 2018 : le « trouble du jeu vidéo ». Pour que ce trouble soit diagnostiqué en tant que tel, le comportement doit être d'une sévérité suffisante pour entraîner une altération non négligeable des activités personnelles, familiales, sociales, éducatives, professionnelles ou d'autres domaines importants du fonctionnement, et en principe, se manifester clairement sur une période d'au moins 12 mois. J'ai connu ces jeunes et moins jeunes jouant 20 heures par jour, *zombiés*, se nourrissant devant la machine et faisant pipi dans une bouteille pour ne rien perdre du jeu en réseau. Ils devraient faire florilège.

[69] Nos gouvernements en ont pris conscience en promulguant le décret du 25 mai 2018 : le règlement n° 2016/679, dit règlement général sur la protection des données, est un règlement de l'Union européenne qui constitue le texte de référence en matière de protection des données à caractère personnel. Il renforce et unifie la protection des données pour les individus au sein de l'Union européenne. En en perçoit les effets lors de l'ouverture de n'importe quel site sur le Net.

[70] Tisseron S. (2018) *Petit traité de cyberpsychologie*. Paris : Le Pommier.

2.2.10. Mes loisirs

L'expression *Panem et circenses* est utilisé par Juvénal (IIe siècle) dans ses satires pour fustiger l'immobilisme des citoyens de Rome face aux intrigues des dirigeants et aux manoeuvres employées pour contenir la population. L'idée est que du moment que le peuple a de quoi manger et se divertir, les puissants peuvent faire ce qu'ils veulent. Cette remarque méprisante pour le peuple et ses gouvernants a-t-elle changé de valeur ? Le fondement des loisirs de la plupart des gens est uniforme. Ils résident dans la télévision, dans des vidéos Utube, dans une uniformité internationale assez extraordinaire. On retrouve des émissions similaires partout, des téléréalités, de la variété en paillettes, des séries plus ou moins sanguinaires et amoureuses, des informations catastrophistes. La forme change, le fond reste. L'anxiété sert à sidérer les gens et les paillettes à identifier le monde dans lequel ils pourraient vivre comme un monde doré qui vaut la peine. On achète des billets de loterie pour accéder aux vrais rêves. La télévision dore la vie et la rend plus acceptable pour une multitude de personnes pour qui elle ne l'est vraiment pas. La télévision a un bel avenir devant elle, mais on peut craindre que les chaînes culturelles ne disparaissent progressivement. Elles intéressent de moins en moins de monde. Quant aux chaînes éducatives, aux chaînes de décodage des informations (*fake news*), d'enquête sur les sources des opinions, etc., il n'y en a pratiquement plus. Par contre, la technique OLED des téléviseurs va améliorer ses fonctionnalités et trouver de nombreuses applications. Les foules seront encore plus facilement manipulables.

2.2.11. Ma société

L'être humain se perd dans une course vers un monde parfait où tout serait contrôlé, où la cybernétique règnerait grâce aux innovations technologiques (voir le transhumanisme). Quelle qu'en soit la forme, on assiste à l'émergence d'une société dichotomique, déjà dénoncée dans les siècles passés : les riches et les puissants d'une part et les misérables de l'autre[71]. Ma future société sera donc composée, moi y compris, d'une multitude d'anonymes, d'invalides civils, de pauvres impuissants, de malades sociaux. Le clivage entre les riches et les pauvres dans les sociétés futuristes reposera sur le caractère totalitaire du pouvoir en place, sur l'évolution technologique et sur l'amélioration de certains êtres humains par la science, dans un environnement de verre et d'acier. Certains annoncent la disparition de l'Internet que nous connaissons.[72] On se croirait dans Matrix. Une vidéo *d'Internet society France* nous montre quelques visions du monde futur avec Internet. Quelques extraits : « *...Internet a disparu, il s'est fusionné dans un écosystème numérique... ça suscite quelques angoisses, quelques vertiges... on aura peut-être un monde de plus en plus transparent... la vie réelle et la vie virtuelle vont fusionner... les vrais enjeux de l'Internet c'est la disparition de la frontière... On est dans un ordinateur géant à l'échelle de la planète... le chantier de la science-fiction est ouvert... nous fusionnons avec des machines... nous devenons immortels et nous nous dématérialisons... c'est une utopie totale, mais les utopies totales se réalisent toujours un jour ou l'autre...* »

2.2.12. Mon pays et ses gouvernants

Certains citoyens seront éternels, se soigneront ou ne seront plus malades et auront tout à disposition et la multitude sera humaine tout simplement, survivant dans d'immenses tours ou dans des rues sombres et polluées. Pour des raisons de coût de la sécurité sociale, on interdira le tabac, l'alcool, les pâtisseries, certains fromages, etc. Cela se fera en fonction des rapports de coûts en santé publique et de gain en termes fiscaux. Les caméras de surveillance fleurissent partout, pour de bons prétextes de sécurité, mais aussi de mauvais prétextes de contrôle. Les caméras parlantes rendent la ville plus propre en réprimandant

---

[71] « Selon que vous serez puissant ou misérable, les jugements de cour vous rendront blanc ou noir. » (de la Fontaine)

[72] http://the01day.blogspot.com/2013/10/connexion-vers-le-e-futur-une-vision.html

les passants quand ils jettent des ordures sur la voie publique. Elles luttent contre le terrorisme, le passage de drogues. Elles surveillent et sanctionnent les infractions routières. Elles permettent aux policiers et gendarmes d'intervenir plus rapidement. Elles aident à retrouver des criminels. En contrepartie, en moyenne, en Grande-Bretagne, une personne se fait filmer 300 fois par jour. Des campagnes d'avortement systématique des catégories d'humains jugées indésirables existent comme celles des filles en Inde, par exemple. Nous pourrions multiplier ces exemples à l'infini, en reprenant le terme de totalitarisme cher aux utopistes. La grosse différence est dans ses manifestations : organisation sociopolitique extrême ou quotidien insidieux. Si je vis la seconde manifestation dans la négation des différences, je ne verrai pas la première, la création d'un État totalitaire en Europe. En fait, ce que veulent les gens, c'est la satisfaction d'intérêts individuels, pouvoir protester sans répression, pouvoir faire pression sur un pouvoir connu et identifié. Dans certains pays, c'est depuis longtemps chose malaisée. Depuis quelques années, des robots douaniers filtrent les arrivées dans des ports chinois. Il en est question à certaines frontières Schengen pour les migrants et dans les aéroports français. Ces robots sont dotés de capteurs, de caméras, mais surtout d'une intelligence artificielle composée d'algorithmes hypersophistiqués capables de détecter une attitude suspecte. Ce ne sont pas encore les robots qui contrôlent et arrêtent les contrebandiers, mais ils envoient l'information aux douaniers humains qui prennent le relais.

Conclusion

Le monde de demain ne va guère changer, nous l'avons compris. Les nouvelles technologies vont simplement en accentuer certains espoirs ou certains désespoirs. Parmi ces derniers, c'est bien le contrôle totalitaire qui est en jeu, avec comme base l'enrichissement personnel immédiat. Cette volonté de puissance rend les gens fous et leur fait perdre toute intelligence. Le 19 novembre 2018, Carlos Ghosn, patron de Nissan/Renault, est arrêté au Japon pour malversation et dissimulation de revenus. Pourtant sa fortune est immense, pourtant il demandait des sacrifices aux ouvriers des usines, pourtant, il fait payer à ses sociétés ses pertes en bourse, pourtant… Le problème ici est l'avidité, mais surtout l'immoralité de la situation, car non seulement ses ouvriers n'ont pas le choix et doivent payer les impôts conséquents sur leur salaire minimaliste, mais également travailler pour rembourser ses pertes en bourse. La taxation effrénée des salaires doit bien bénéficier à quelqu'un. Il n'est pas question ici de remettre en cause le principe de la redistribution fiscale, mais de se demander si ceux qui échappent à l'impôt ne sont pas plus nombreux qu'il y paraît. « Je reviendrai et je serai des millions », disait Spartacus, dans un autre contexte bien sûr. Aujourd'hui, je n'imagine pas une seconde que l'évolution de nos techniques rendra notre monde de demain plus moral.

CONCLUSIONS GÉNÉRALES

Utopie ou dystopie ?

Chacun peut percevoir son avenir comme bon lui semble. Il y a effectivement, une liberté de penser, de ressentir, mais la liberté d'action est déjà sous contrôle, même si cela ne se fait pas nécessairement sous une forme armée. L'homme naît esclave de ses besoins fondamentaux. Mais comment reconnaître parmi toutes les sollicitations de l'environnement, les désirs qui apporteront plus de désagréments que de satisfaction ? Pour traverser avec le moins de douleur possible l'existence, l'homme doit refréner désirs et passions, sources certes de plaisir, mais aussi de souffrance. Il s'agit d'avoir conscience que la nature même du désir est de rester insatisfait. L'insatisfaction est d'ailleurs toujours au bout du plaisir. Le désir est donc le moteur d'une course sans fin, source du consumérisme. C'est évidemment pareil en ce qui concerne les nouvelles technologies. Nous sommes persuadés d'avoir une personnalité, parce que nous roulons dans une voiture différente de celle de notre voisin et que nous utilisons un smartphone de dernière génération. Pourtant, ces deux exemples sont source de plaisir, de commodité dans les déplacements et la communication, mais à quel prix : raréfaction des métaux précieux, pollution, et obsolescence rapide assurée, etc. Le seul, qui éventuellement, peut prétendre avoir une personnalité, c'est celui qui organise sa vie sans automobile ou avec celle qui convient à ses besoins réels et qui refuse ainsi toutes les contraintes qui y sont attachées. Cela nécessite un choix difficile, une vision du monde qui n'est pas celle de tous. Nous en arrivons ainsi, certainement pas à refuser le progrès, mais à proposer d'en mesurer les conséquences dans un rapport qui quitte la notion de coût/envie pour aller vers celle de coût/besoin pour soi et la collectivité.

Le temps précieux

Le temps est précieux et doit donc être épargné. Faire sans s'arrêter, c'est fuir le désir, mais aussi la satisfaction liée à ce que procurent nos sens. Le plus récent et le plus absurde des désirs, parce que non naturel, est celui de la longévité, celui de l'immortalité de l'ancien croyant. Inéluctablement et malgré les progrès de la médecine, malgré les progrès technologiques, l'aboutissement de ce désir repose désormais sur l'abolition définitive de la douleur physique et de la souffrance psychique. Il n'est plus question de perdre du temps à souffrir, ni même à mourir, encore moins chez soi. Les décès à domicile ne représentent plus qu'un quart des décès en France. Vivre toujours et seulement dans le plaisir immédiat des désirs satisfaits nous agite toujours, telle la marionnette. Ainsi, au commencement, Chronos dévorait ses enfants, comme le Temps dévorait les instants. La mesure du présent régnait chez les hommes, qui vivaient comme des immortels. Mais Zeus et les Olympiens enchaînèrent le temps, et depuis lors, les races mortelles se succèdent, croissent et périssent dans la démesure. Pourquoi se soucier de la mort, alors que le spectacle de la Nature nous révèle la création permanente à travers le cycle de la naissance et de la mort de toutes choses. Le sens à donner à la vie est le sens de la vie même, où l'on apprend à mourir sans crainte puisque c'est le début d'une renaissance.

Nos émotions ne sont ni bonnes ni mauvaises, elles représentent autant de réactions et de signaux vis-à-vis de notre environnement : aimer, craindre, être triste ou encore en colère. Ce dernier sentiment est bien souvent la conséquence de la crainte. Il faut donc savoir observer, ressentir ces sentiments avec un certain recul, les interpréter, en analyser les causes. Il ne s'agit pas de les réprimer ni de se culpabiliser, mais de les maîtriser, afin qu'elles ne nous submergent pas, qu'elles n'agissent pas à la place de notre volonté, mais au contraire, qu'elles nous servent à agir avec sérénité. Se libérer des conventions sociales ne signifie pas non plus de faire comme si elles n'existaient pas ou de les refuser systématiquement, mais de ne pas se laisser tromper par elles, de ne pas les prendre comme des fins en soi, mais seulement comme des moyens. La plupart d'entre nous ne peuvent s'empêcher de penser constamment. Nous nous parlons à nous-mêmes. Si je parle tout le temps, je suis incapable d'écouter ce que les autres ont à dire. Exactement de la même manière que si je pense tout le temps, en d'autres termes si je me parle tout le temps, je n'ai rien à quoi penser, sinon des pensées abstraites. Je vis donc entièrement dans l'univers des symboles, et je n'entre jamais en contact direct avec la réalité. Je fuis l'angoisse.

Finalement, si nous échappons à l'agitation de notre corps et même à celle de notre esprit, que pourrions-nous faire du temps ainsi gagné ou libéré ?

Nous arrivons au point central où apparaissent les robots. Ceux-ci sont donc censés nous faire gagner du temps et de la dépense d'énergie. Si la production des biens de consommation nécessaire est assurée par des robots, si les services le sont également, si ma maison est entretenue par des machines, mon jardin également, que vais-je faire ? Je serai libéré de toutes les servitudes du quotidien et du travail. Je n'aurai plus de patron à qui louer mes services, de clients physiques à qui dispenser mes conseils ou mes soins. Serai-je oisif, occupé seulement à une sorte de méditation qui ne tranchera plus avec un quotidien vide de sens ?

Robots et occupation du temps

D'abord, les nouvelles technologies ont toujours supprimé des emplois, mais en ont créé d'autres. Elles vont induire un gain de productivité qui entraînera lui-même, dans un cercle vertueux, une baisse des prix, une hausse de la demande ainsi qu'une hausse des salaires. À l'échelle mondiale, le monde ne compte que 6 % de chômage. Il n'y a jamais eu autant d'emplois qu'au XXIe siècle. Il semble y avoir un lien tangible entre taux de chômage et innovation. La Corée du Sud a lancé des investissements massifs dans l'IA et la robotique et connaît un taux de chômage faible, autour de 4 %. *A contrario*, le Portugal dont le chômage a cru ses dernières années n'est pas connu pour être un pays pionnier dans le domaine des NTIC. La technologie est un parfait bouc émissaire politique et médiatique, mais il ne faudrait pas mettre sur le dos de la technologie le choix de mauvaises politiques publiques.[73]

Ensuite, les robots ne supprimeront certainement pas les aspects créatifs de la pensée humaine, par ses applications qui ont pour effet d'éveiller des sensibilités communes, mais aussi de répondre à notre besoin d'interactions humaines. En somme, le travail serait précisément ce qui humanise les êtres humains et c'est la raison principale pour lequel s'il disparaissait, l'homme laisserait derrière lui une part d'humanité. Le travail est notre participation au monde. Notre tâche est une liberté métaphysique. La *Dialectique du maître et de l'esclave* de Hegelpermet de démontrer que par le travail, l'esclave gagne en humanité tandis que le maître oisif s'avilit et décline. Pour toutes ces raisons, voilà pourquoi notre société ne peut encore ranger le travail dans la galerie des souvenirs collectifs au profit d'une société régie par le loisir et l'oisiveté. Encore faut-il aujourd'hui redonner du sens au travail à ceux qui en ont, et que ceux qui n'en ont pas soient traités avec dignité et efficacité, et que les dominants (patrons, dirigeants, actionnaires, spéculateurs) deviennent modérés, de gré ou à force de lois.

On en revient au concept d'utilité sociale pour remplacer la notion de travail. Le travail procure certainement fierté et dignité, mais au prix d'une soumission envers un employeur et également envers toute une série d'intermédiaires (chefs). Ce rapport de force en est le prix à payer, au détriment du travailleur, et même parfois des chefs d'entreprise soumis aux exigences d'un actionnariat anonyme et vorace, lui-même parfois constitué de travailleurs (voir les Fonds de pension). Personne n'est vraiment libre de travailler ou de ne pas travailler. Le salaire engendré par le travail permet une vie digne ou plus digne. L'absence de travail pour une partie de la population engendre mépris et opprobre. Ces laissés-pour-compte sont maltraités et négligés, et ne parlons pas des contrats précaires exploités, du travail à bas prix des émigrés, etc. Bref, la notion de travail n'est pensable, en termes

---

[73] Bouzou N. (2017) *2020 : société du travail ou de l'oisiveté ?* L'Atelier PB-BNP.

éthiques, qu'à condition que chacun dans une entreprise ou un circuit de travail ait conscience qu'il est un rouage à une œuvre commune, qu'il n'y ait pas d'injustice flagrante, de honte et de mépris, de pouvoir quasi absolu de certains, d'enri-chissement personnel extravagant. Sinon, on reste dans la notion de travail maître/esclave.

Le concept d'utilité sociale n'est pas compris puisqu'on lui associe souvent le travail associatif et qu'on le décrit comme du travail d'utilité sociale, parce qu'il est censé servir la communauté (ASBL et autres coopératives). Ce n'est pas ça. L'utilité sociale renvoie à l'idée de rapports humains égalitaires, sans visée économique (contrairement au Marxisme) et où chacun apporte à une communauté son savoir-faire et son savoir-être. Il s'agit bien d'une utopie puisque les notions de service et d'autarcie peuvent entraîner vers un fonctionnement sectaire. On en retrouve l'essence parmi les 120 services d'échange local (SEL)[74] en Belgique francophone ou plus de 600 en France.[75] C'est un système d'échange de produits ou de services au sein d'un groupe fermé, généralement constitué en association, utilisant souvent une monnaie d'échange propre. Ses membres échangent des biens et services selon une unité propre à chaque groupe. L'objectif est d'accéder à des échanges égalitaires et de tisser des liens.

On est là sur une piste loin de l'inactivité envisagée par l'avènement de l'ère des machines.

La responsabilité

Il faudra du temps pour tout cela. Nous sommes encore très loin de la production de robots domestiques en masse. De plus, même s'ils existent, il faudra du temps pour en imposer l'usage. On oublie que l'automatisation prend du temps à s'imposer. En 1923, Otis a inventé le bouton qui permettait de se débrouiller seul dans un ascenseur, sans liftier. Savez-vous combien de

---

[74] Local Exchange Trading System (LETS) dans les pays anglphones.

[75] http://www.sel-lets.be et http://seldefrance.communityforge.net/spip/

temps les liftiers ont mis à disparaître ? Leur nombre a continué à augmenter jusque dans les années 1950 ! Il a ensuite diminué, mais n'est pas tombé à zéro avant les années 2000, soit plus de 75 ans après l'invention. La science ou les innovations ne se diffusent pas si rapidement. Ce sont des outils que les gens adoptent progressivement. Dans les prochaines décennies, nous avons moins à craindre des robots que de l'activité débridée des êtres humains sur notre planète. « L'existence précède l'essence » signifie que l'homme sera tel qu'il se sera fait. Chacun de nous existe d'abord et ne se définit qu'après ses actes. Notre action d'abord individuelle peut avoir une résonance collective. En agissant, nous exposons nos valeurs et ainsi on n'est plus seulement responsable de soi, à travers ce qu'on fait, mais de l'humanité en entier puisque ces valeurs deviennent exemplaires. En créant l'homme que nous voulons être, on crée en même temps une image de l'homme tel que nous estimons qu'il doit être.

L'homme et la machine

Pour Turing calculer, c'est penser. En 1950, partant du principe que toute fonction humaine est traduisible sous forme d'algorithme, il démontre, dans un article resté célèbre (Les machines savent-elles penser ?), qu'un automate peut faire ce qu'un homme sait faire, à condition de lui fournir un programme de travail adéquat. Son test[76] déjà évoqué sème le doute dans la distinction entre un homme et un ordinateur et nous sommes en 1950 ! Vu les sophistications actuelles, le doute serait encore bien plus grand.

Cette dichotomie suppose aussi une cohabitation qui permet de faire trois constats :

- L'homme-machine. Nous avons de plus en plus souvent tendance à nous isoler des autres humains. Plus besoin de sortir de chez soi pour communiquer : le smartphone est là, bien au chaud. Pas besoin de sortir pour draguer : ce ne sont

[76] https://www.conishiwa.org/zones/projets/ia/turing.htm

pas les sites de rencontre qui manquent. On pourrait continuer cette liste longtemps, avec ces jeux y compris sportifs, ces distributeurs automatiques d'argent qui nous dispensent de rentrer dans une banque où il y a d'ailleurs de moins en moins d'employés, devenus capables de capter votre argent, mais plus de dispenser des services. Quant à ce qui se prépare pour demain, ce ne sont pas les projets qui manquent. Seules quelques limites techniques ou de prix freinent l'imagination des concepteurs. On teste le « cybersex » et d'autres réalités virtuelles. L'homme sera-t-il encore vraiment humain lorsqu'il sera seul au milieu de ses machines ? Ou ne sera-t-il plus qu'une machine parmi les autres ?

- La dépendance. Si nous gardons une quelconque identité, la seconde transformation que nous subissons, beaucoup plus lente cependant, réside dans une dépendance de plus en plus complète à l'égard de ces machines. Qui, parmi nous, est encore capable de vivre sans un smartphone, l'ordinateur étant de plus en plus relégué à des soirées solitaires ? Dans le domaine de la médecine, on réalise des prothèses de plus en plus perfectionnées pour nous réparer par pièces détachées. Notre longévité serait-elle aussi grande sans ces machines de soins et de diagnostic sophistiquées ? L'Homme serait-il donc en train de se mécaniser, de s'identifier à la machine, sa création ? Les neurosciences commencent à percer les mécanismes de l'intelligence humaine qui semble être la dernière barrière nous séparant encore de la machine. Bien sûr, les progrès dans ce domaine sont très lents et on est depuis longtemps revenu des prévisions plus qu'optimistes des chercheurs des années 1960. La traduction automatique de texte n'a pas donné les résultats escomptés, ni même des tâches plus basiques telles que la reconnaissance de la parole, de l'écriture ou la vision artificielle. D'ailleurs, le terme trop générique et trop flou « d'intelligence artificielle » a été abandonné au profit de termes plus précis tels que « systèmes experts ». On peut toujours trouver des arguments tendant à prouver que la machine ne pourra jamais égaler l'être humain. Turing a regroupé ces objections en neuf grandes questions, allant de la théologie à la perception extra-sensorielle, en passant par des arguments mathématiques[77].

- La machine-homme. Quoi qu'il en soit, sans même devenir l'égale de l'Homme, la machine va certainement nous supplanter dans des domaines de plus en plus nombreux. Ceci pose une dernière question : y aura-t-il un moment où l'Homme deviendra l'ombre de la Machine ? Hommes mécanisés à outrance, ou machines s'humanisant de plus en plus fortement, la limite va devenir de plus en plus floue. Peut-être même, un jour, n'aurons-nous plus le droit moral de faire une distinction quelconque !

Arrivé au terme de cet essai, je me rends compte dans un sens que la montagne a accouché d'une souris. Non, nous ne sommes pas entourés de robots humanoïdes qui nous assistent dans notre vie quotidienne et nous remplacent dans des tâches jugées pénibles. Non, nous ne verrons pas cette évolution avant des dizaines d'années. Par contre, nos objets connectés deviennent présents dans tous les domaines et commencent à nous échapper. C'est là l'aube d'une nouvelle ère, passionnante dans ses perspectives positives et inquiétantes dans les autres. C'est le contrôle absolu, celui de la cybernétique, qui nous attendrait ainsi. Mais le contrôle n'est en fait dangereux que s'il se concentre dans des mains isolées et hégémoniques, celles d'esprits totalitaires.

---

[77] http://iridia.ulb.ac.be/~marchal/lillethesis/these/node34.html

TABLE DES MATIÈRES

www.ingramcontent.com/pod-product-compliance
Lightning Source LLC
LaVergne TN
LVHW021228061026
849535LV00008B/2962